터널,
새로운 공간과 길을 만드는 기술

터널,

새로운 공간과 길을 만드는 기술

김승렬 지음

동아시아

시작하며

우리는 비행기를 타고 세계 각국을 이웃집처럼 빠르게 드나든다. 금속 덩어리의 무거운 몸체가 새처럼 날아가 목적지에 내려앉는다. 비행기를 탈 때마다 이것을 가능하도록 만든 과학과 공학기술에 대해 인류의 한 사람으로서 자부심과 고마움을 느낀다. 이때 함께 기억해야 할 것이 있다면 비행기가 나는 데는 활주로의 도움이 있어야 한다는 것이다.

1700년대 중·후반으로 접어들 무렵 영국의 면직물 산업에서 시작된 제1차 산업혁명은 어떻게 하면 많은 제품을 빠르게 만들 수 있을까를 고민했다. 실을 만드는 방적기와 천을 짜는 직조기의 발명은 가족 중심의 소규모 가내수공업을 기계 설비를 이용한 대량생산 체제로 바꾸었다. 1800년대 후반 이러한 변화를 모든 산업분야에 적용하여 노동력을 절감시킴으로써 기술의 혁신을 이루었다.

증기기관 또한 이 시기를 대표하는 발명으로, 사회가 농업 중심에서 공업 중심으로 변화하는 데 기여했다. 영국의 산업혁명에서 이루어낸 기술 발전과 생산 증진을 영국 전역은 물론 유럽을 거쳐 세계로 확산시킬 수 있었던 것은 철도가 있었기 때문에 가능했다. 철도가 산업자본을 순환시키는 대동맥과 같은 역할을 수행한 것이다.

1900년을 전후하여 산업의 중심은 소비재 산업에서 생산재 산업인 중화학공업으로 바뀌었다. 이 시기를 제2차 산업혁명이라고 한다. 공장을 움직이는 동력과 운송에 전기를 사용하면서 대량생산과 자동화 생산이 가능해졌다. 제1차 산업혁명의 중심에 증기가 있었다면 제2차 산업혁명의 중심에는 전기가 있었다.

이후 컴퓨터의 탁월한 처리 능력과 인터넷 커뮤니케이션 네트워크가 우리의 생활을 다시금 혁명적으로 바꾸었다. 정보기술과 산업을 결합하여 디지털혁명이라 부르는 제3차 산업혁명 시대를 열었던 것이다.

이제 21세기의 인류는 네 번째 산업혁명의 시대를 살아가고 있다. 모바일, 사물 인터넷, 빅데이터, 인공지능 등 정보통신기술이 경제사회와 어우러져 보다 지능적인 사회를 만들고 다양한 데이터를 연결한다는 점에서 지능정보혁명 또는 데이터혁명이라고도 할 수 있다.

과거 산업혁명의 중심에 있었던 증기기관, 전기에너지, 컴퓨터는 산업의 변화에 따라 함께 발전하여 여전히 중요한 역할을 수행한다. 4차 산업을 대표한다고 할 수 있는 인공지능AI도 다양한 모습으로 산업을 발전시키며 우리 생활의 질을 향상시킨다. 하지만 이들의 기여가 크고 중요하더라도 우리의 생활과 밀접한 관계를 맺고 있는 다른 기술들의 가치를 무시해서는 안 된다. 다른 기술들도 각각 없어서는 안 될 중요한 가치를 가지고 있다. 예를 들면 물 공급시설, 쓰레기 처리시설, 도로시설 등은 우리 생활에서 꼭 필요한 기술이며 시설이다. 기술의 발전과 혁신을 이끄는 인류는 머지않아 다시 제5차 산업혁명의 시대를 열며 변화와 발전을 이루어낼 것이다.

오늘날 누리고 있는 과학과 기술의 혜택도 훗날에는 역사의 한 조각으로 기억될 것이다. 그러나 역사 속에는 언제나 그랬듯이 미래를 내다볼 수 있는 창이 있다. 이 책은 우리가 친숙하게 이용하고 있는 터널에 대한 기술 역사를 조명할 것이다. 새로운 공간과 길을 찾아 인류가 걸어온 자취와 집념을 돌아보고 이를 통해 독자들이 미래를 내다보는 작은 창 하나를 더하는 데 일조할 수 있기를 바란다. 나아가 우리의 생활을 돕고 있는 가치 산업에 대해 한 번쯤 다시 생각할 기회를 가질 수 있다면 좋겠다.

시대적으로 빛이 바랜 듯 보이는 기술과 그 역사를 흔쾌히 출판해 주신 동아시아 출판사와 소장하고 싶은 책이 되도록 애써주신 출판사 관계자 여러분께 감사를 드린다.

김승렬

CONTENTS

1장

두 미지의 세계

고마운 동반자

차를 타고 시내를 벗어나면 자연 속에 모습을 숨기고 있는 터널을 만나게 된다. 여러 곳에 줄지어 있는 짧은 터널이 있는가 하면 한참을 달려서야 비로소 햇빛을 볼 수 있는 긴 터널도 있다. 서울과 같은 대도시에 거주하는 사람들은 땅속으로 사라졌다 다른 땅 위로 올라온다. 과거에는 마술로만 가능하리라 여겨졌던 일들이 이제는 터널로 인해 일상이 되었다.

불과 100년 전만 하더라도 여러 날이 걸려 도달했을 거리를 지금은 몇 시간 만에 갈 수 있다. 나무를 자르고 땅을 파헤쳐 산기슭을 따라 굽이굽이 도로를 내 산을 넘지 않아도 된다. 이뿐만 아니라 해안선을 따라 먼길로 돌아서 가거나 배를 타지 않아도 가까운 바다 건너편으로 갈 수 있게 되었다. 교통수단의 성능이 좋아져 이동 시간을 많이 줄어들게 했지만 터널은 그 이상의 것들을 이루었다. 산 이쪽에서 산 저

그림01 산허리를 깎아 만든 도로

쪽으로, 혹은 바다 이쪽 편에서 건너편으로 짧은 시간에 이동할 수 있는 것은 바로 터널이 있기 때문이다. 이제 하천, 호수, 바다 밑 등 장소를 가리지 않고 터널을 만들고 있다.

사실 교통시설로 사용하기 훨씬 이전부터 터널은 우리 생활과 아주 밀접한 관계를 맺으며 없어서는 안 될 역할을 해오고 있었다. 아주 옛날부터 인류는 터널을 따라 물을 공급하거나 버릴 물을 처리해왔다. 또한 거미줄처럼 얽혀 흉물스럽게 전봇대에 매달려 있던 전깃줄과 전화선들도 땅속의 터널로 보냈다. 도시 아래 땅속은 온갖 터널이 복잡하게 얽혀 있고 이러한 층이 겹겹이 쌓여 있다. 도로 밑 쇼핑몰이나 지하철역 혹은 빌딩과 빌딩을 연결해주는 통로 역시 터널이다. 이처럼 터널은 보이지 않는 곳에서 도시의 기능을 유지시키며 우리의 삶을 윤택하게 해준다.

물론 산을 뚫어 길을 내고 도시 한복판에 터널을 뚫을 때에는 많은 어려움을 극복해야 했다. 그럼에도 불구하고 터널은 우리의 일상생활에 없어서는 안 되는 '길'이다. 현대문명의 통로이자 땅 위 세계와 땅속 세계를 이어주는 '소통의 길'인 터널이 어떠한 배경에서 어떠한 역경과 저항을 극복하고 우리의 생활 속에 깊숙이 자리 잡게 되었는지 살펴보자.

두 미지의 세계

매일 아침 떠오르는 태양과 저녁이 되면 빛나는 별 저편에는 무엇이 있을까? 그리고 우리가 서 있는 땅속에는 무엇이 있을까? 오늘날 인류는 땅 위의 세계와 땅속 세계, 우주를 끊임없이 탐험하며 살고 있다.

우리가 살고 있는 지구는 밤하늘에 빛나는 수많은 천체들 중 하나

그림02 은하계 속 태양계

에 지나지 않는다. 태양은 우리 은하계에 속해 있는 1,000억 개의 항성 가운데 하나이고 지구는 이 태양의 주위를 공전하는 여덟 개의 행성 중 하나이다. 우리가 속해 있는 은하의 한쪽 끝에서 다른 한쪽 끝까지 가려면 빛의 속도로 약 10만 년을 달려야 한다. 상상으로만 짐작할 수 있는 크기이다.

그렇다면 우주라는 그릇에는 얼마나 많은 은하가 담겨 있을까? 1990년대 중반까지만 해도 우주에는 약 2,000억 개의 은하가 있는 것으로 알려졌으나 최근에 발표된 연구 결과에 의하면[01] 우주에는 약 2조 개가 있다고 한다. 시간이 흐르면서 새로운 사실이 계속해서 밝혀지고 있다는 것은 우리 앞에 놓인 미지의 영역도 여전히 많다는 뜻이다.

우리의 집인 지구는 표면이 울퉁불퉁하지만 하나의 작은 공과 같은 행성이다. 이 모습을 최초로 인간의 눈으로 보고 증언한 사람은 불과 50년 전인 1968년 아폴로 8호의 우주인들이다.

지구는 대부분 단단한 땅덩어리이며 전체가 대기로 둘러싸여 있다. 표면의 71퍼센트 정도가 물로 덮여 있고 공기, 땅, 물 등이 끊임없

그림03 태양계 속 지구

이 접촉하고 서로 반응하며 사람이 살 수 있는 생활환경을 만들고 유지한다. 물과 공기는 땅속으로 스며들기도 하고 물은 공기 속 수증기로 존재하기도 한다. 지구를 둘러싸고 있는 공기층은 매우 얇아서 고도가 상승함에 따라 공기압이 급격하게 줄어든다. 해발 16킬로미터에 이르면 공기압이 10퍼센트까지 떨어지고 해발 36킬로미터에서는 공기압이 0퍼센트가 된다. 우주인들이 머물고 있는 국제우주정거장ISS의 평균 고도가 서울과 부산 간 직선거리보다 약간 긴 370킬로미터(330~410킬로미터)인 것을 보면[02] 우리의 생명을 유지시키고 있는 공기층의 두께가 그리 두텁지 않다는 것을 알 수 있다.

지구의 껍질을 지각crust이라고 하는데, 두께는 약 7킬로미터에서 70킬로미터에 이르며 평균 35킬로미터 정도이다. 지구의 반지름이 약 6,400킬로미터이므로 지구가 사과라면 지각은 껍질 정도의 두께인 것이다. 지각 하부로 2,900킬로미터까지 이르는 고체 암석층을 맨틀mantle, 맨틀 하부로부터 지구 중심까지를 핵core이라 한다. 지각 바로 밑에 있

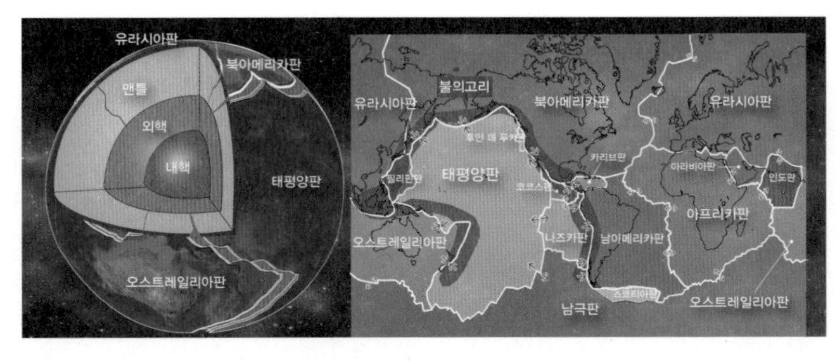

그림04 지구의 속과 겉의 모습

는 맨틀의 윗부분 평균 두께 100킬로미터 영역을 암석권lithosphere이라 한다.

판구조론theory of plate tectonics에 따르면 지구를 덮고 있는 암석권은 20여 개의 다양한 모양과 크기로 갈라져 있는데,[03] 주요 판plate 7개가 지구 표면적의 94퍼센트를 차지하고 있다. 지구의 표면을 덮고 있는 이 판들은 하부의 맨틀의 움직임에 따라 서로 멀어지기도 하고 경계를 따라 움직이기도 하며 해양판이 대륙판 하부를 파고들기subduction도 한다. 다만 속도가 매우 느리고 움직이는 거리도 짧기 때문에 일상생활에서 쉽게 감지하지 못할 뿐이다. 이런 활동은 때때로 지진과 화산 폭발 등을 동반하기도 한다. 태평양을 둘러싸고 있는 '불의 고리'는 이런 거대한 암석권 판의 움직임에 의해서 생긴 것이다.

이뿐만 아니라 지각은 오랜 세월을 거쳐오면서 다양한 변화를 겪었기 때문에 지각을 구성하고 있는 물질의 종류가 다양하고 지역별, 깊이별로 복잡하게 섞이게 되었다. 이런 이유로 땅속 세계는 균일하지 않기 때문에 그 상태를 정확히 알아내는 것은 결코 쉬운 일이 아니다. 현대 기술로 땅속 세계의 상태를 알아보는 것은 마치 우리 몸의 상태를 청진기로 진단하여 병명을 알아내는 것과 같이 한계가 있다.

땅은 매우 넓고 깊은 범위에 걸쳐 지하수를 머금고 있다. 지하수가 마르게 되면 식물이 자랄 수 없고 지면은 황폐해지고 만다. 지하수는 땅속의 비좁은 공간을 따라 흐르기 때문에 지표수에 비해 매우 천천히 흐르고 오염되면 복원하는 데 시간과 경비가 많이 소요된다. 계절에 따라 강수량이 다르기 때문에 지하수면은 오르내리기를 반복하며 끊임없이 지하세계를 변화시키고 있다. 땅속의 암석을 녹이기도 하고 단단히 뭉치게도 한다. 그러나 지하수를 담을 빈틈이 없는 특정 깊이 이하에는 지하수가 존재하지 않는다.

우주가 미지의 세계인 것처럼 땅속도 미지의 세계라 할 수 있다.

인류 생활터전의 변화

인류는 물을 중심으로 집단생활을 시작하고 서로 왕래하며 집단의 규모를 키워서 도시를 이루고 국가를 이루었다. 유엔의 통계 자료에 의하면[04 05] 1900년의 세계인구수는 총 16억 5,000만 명이었다. 인구수

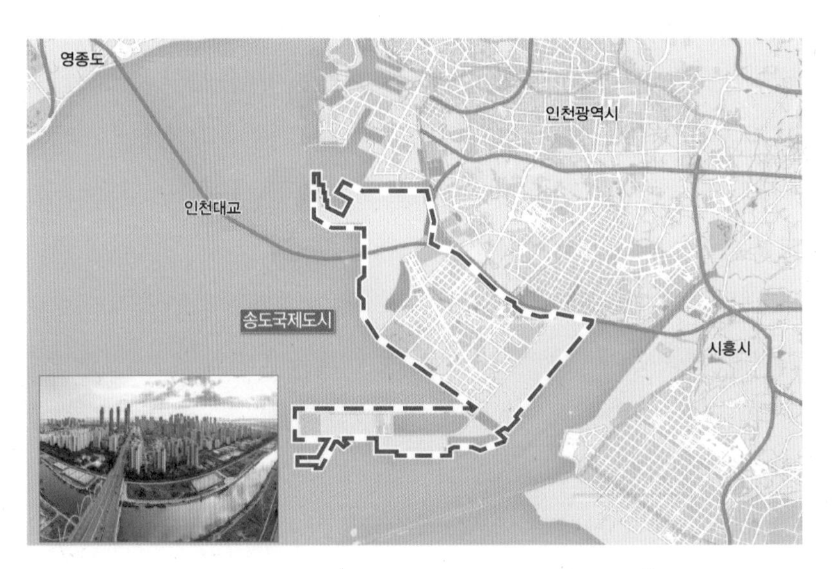

그림05 바다와 하늘과 땅속에 공간을 만든 송도국제도시[06]

는 완만하게 증가하다가 1960년에 2배에 가까운 30억 3,000만 명으로 늘어났다. 이후 급속하게 증가하여 2010년에 69억 6,000만 명에 이르렀고, 5년 후인 2015년에 73억 8,000만으로 성장하였다. 그 기간 우리나라의 인구도 1,700만(1900년), 2,500만(1960년), 4,800만(2010년) 명으로 증가하여 2015년에는 5,100만 명이 되었다.[07]

인류는 집단의 규모가 점점 커지자 다양한 필요들과 부딪히게 되었다. 그중에서도 삶의 터전인 생활공간을 확장하고자 하는 요구가 매우 강해서 새로운 공간 즉, 신공간을 만들었는데creation of new space 이에는 세 가지 방법을 사용하였다. 바로 바다를 메워 새로운 육지를 만드는 것, 고층 빌딩을 지어 땅 위에 새로운 공간을 만드는 것, 그리고 땅속을 파서 새로운 공간을 만드는 것이다.

우리나라의 경우 삼면이 바다로 둘러싸여 있고 국토 면적의 70퍼센트가 산지이다. 더욱이 전체 인구의 절반에 가까운 인구가 수도권에 살고 있다. 이토록 많은 사람이 좁은 지역에 모여 살게 되면서 이들을 수용할 주거 공간을 하늘 공간에서 얻었다. 빼곡하게 들어서 있는 고층 아파트들이 이 경우에 해당한다. 그리고 도시와 도시, 지역과 지역을 소통시키는 보다 원활하고 빠른 교통시설을 설치할 새로운 공간도 필요해졌다. 예를 들어 지하철은 땅속 공간을 활용한 것인데, 이는 터널기술이 있었기 때문이다. 이처럼 땅속 공간을 활용하는 것이 늘어날수록 자연스럽게 터널기술은 우리의 일상생활에 없어서는 안 될 소중한 기술로 자리매김하였다. 비록 대부분의 사람들은 이 기술의 고마움을 미처 인지하지 못하고 지내왔지만 말이다.

2장

땅속에 공간을 만드는 기술

터널기술의 정의와 기원

터널은 사람이나 물건을 이동시키기 위해 땅속에 만들어놓은 통로로서 일반적으로 양끝이 지표에 닿아 열려 있는 구조물이다. 폭에 비해 길이가 길기 때문에 다른 시설물과 비교하였을 때 선line 모양의 시설물이라 할 수 있다. 지표에서 밑으로 땅을 파낸 다음 밑바닥에 터널시설물을 만들고 땅을 다시 메우는 방법으로 만들기도 하고, 지표를 그대로 둔 채 수평 방향으로 땅을 뚫은 후 그 자리에 만들기도 한다. 자연 현상으로 땅속에 이와 비슷한 모양의 공간이 생겼을 경우에는 터널이라 부르지 않고 동굴이라 부른다.

터널은 땅 위의 세계를 땅속으로 끌어들이고 다시 땅속 세계를 땅 위 세계로 연결해주는 소통의 통로이다. 언제 어디에서 터널이 시작되었는지는 정확히 알 수 없지만 터널의 역사는 인류의 역사와 함께 시작되었을 것으로 추정할 수 있다.[01 02] 인류의 선조들이 동굴을 생활의 터전으로 규정짓고 이를 연결하는 통로도 만들었을 것을 쉽게 상상할 수 있기 때문이다.

터널은 형태와 용도가 다양하고, 그 깊이는 얕은 경우가 대부분이지만 수 킬로미터 깊이로 만들어지기도 한다. 이런 통로를 만들어내는 모든 행위를 일컬어 '터널기술'이라 하며, 문명과 기술의 발전에 힘입어 오래전에는 상상으로만 가능했을 큰 규모의 긴 터널이 현실이 되었다.

터널기술의 원리와 역할

터널을 뚫는 위치는 지구의 표면을 이루는 지각 쪽 가장자리이며 땅 위의 세계와 땅속의 세계가 경계를 이루는 곳이다. 땅속은 대부분 단단한 암반이지만 풍화 작용의 영향을 많이 받은 곳은 오랜 세월 동안에 걸쳐 부서지고 분해되어 상당히 깊은 깊이까지 흙으로 덮여 있다.

그림06 갈라지고 뒤섞인 땅의 모습(습곡단층)[03]

이뿐만 아니라 지표면의 땅들은 무게를 견디지 못하고 떨어져 흘러내리거나, 비나 바람 등에 의해서 깎이고 먼 곳으로 옮겨지고 쌓여서 단단하지 않고 무른 땅을 이루고 있는 곳도 있다. 지각은 아주 오랜 기간에 걸쳐 바다가 육지가 되거나 그 반대의 과정을 거쳤기 때문에, 서로 다른 암반rock과의 섞임, 갈라짐, 엇갈림 등의 작용이 발생하여 위치한 지역과 그 깊이에 따라 성질과 모양이 달라져 있다. 대부분 상태가 불규칙하고 균질하지 않아 한 가지로 설명하기 어렵다.

반면 건물이나 다리를 지을 때 사용하는 철근이나 강재steel, 콘크리트 등은 땅과 비교했을 때 균질한 물질이고, 힘을 받을 경우 어떻게 움직이는지도 잘 알려져 있다. 따라서 땅 위에 건물을 지어 공간을 만드는 기술과 땅속을 뚫어서 공간을 만드는 기술은 차이가 있다.

우선 주재료의 성분과 성질에 차이가 있기 때문에 터널기술은 더 많은 경험이 필요하다. 경우에 따라서는 실제 땅속의 상황이 예상과 달라 계획한 방법을 적용하지 못하는 경우도 있다. 동일한 방법을 사용하더라도 시기를 놓치게 되면 결과가 달라지고, 때로는 실패로 이어지기도 한다.

터널을 뚫는 과정은 크게 땅을 파는 일, 파낸 암반이나 토사를 땅 위로 운반하는 일, 새롭게 만들어진 공간을 유지시키는 일로 나누어진다. 이런 과정에는 어떤 공학적인 원리가 숨어 있을까?

책상 위에 놓인 야구공이 움직이지 않고 정지해 있는 이유는 야구공에 수직 방향으로 작용하는 힘들의 합과 수평 방향으로 작용하는 힘들의 합이 각각 0이고 야구공을 회전시키려 하는 힘들의 합 또한 0이기 때문이다. 야구공에 작용하는 세 방향의 힘들이 각자의 방향으로 서로 평형 상태를 이루고 있는 것이다. 그러나 이들 중 어느 하나라도 어긋나서 합이 0이 되지 않을 때는 야구공은 그 방향으로 작용하는 힘들의 합이 0이 될 때까지 그 방향을 따라 움직이게 된다. 모든 물체는 이렇게 힘의 평형 상태를 유지하려는 성질을 가지고 있다.

터널을 뚫어야 할 땅속의 상태도 마찬가지이다. 지각을 이루고 있는 암석권 판도 힘의 평형을 이루려는 움직임의 영향을 받는다. 상하좌우 방향으로 누르거나 받치는 힘이 작용하는데 힘의 크기와 방향이 지역과 깊이별로 다르다. 땅속의 어느 한 지점을 정해서 살펴보면 지구의 중력 방향으로 누르는 힘과 좌우 앞뒤 방향에서 이를 받쳐주는 힘이 서로 평형을 이루며 안정(평형 상태)을 유지하고 있다. 이런 상태에 있는 땅속을 뚫어서 터널을 만드는 것은 오랜 기간 동안 유지해온 힘의 평형 상태를 깨뜨린 후 환경을 변화시키고 새로운 힘의 평형 상태를 이루어 내는 것이다.

다시 말해 땅속에 있는 암석이나 흙을 파내어 새로운 공간을 만드는 것은 그림에서 볼 수 있듯이 공간을 차지하고 있었던 암석이나 흙이

그림07 터널을 뚫을 때 일어나는 현상

받치고 있었던 힘을 없애버리는 일이다. 마치 세 사람이 물건을 함께 붙들고 있다가 한 사람이 사라져버려 남은 두 사람이 사라진 사람의 몫까지 담당하며 붙들게 되는 것과 같다. 이때 남은 두 사람이 이 몫을 감당할 수 없다면 누군가의 도움을 받아야 물건을 떨어뜨리지 않고 지탱할 수 있을 것이다. 터널을 파낸 후 터널이 무너지지 않도록 내부에서 받쳐주는 여러 종류의 지지부재들이 바로 여기에 새로이 등장하는 누군가에 해당한다.

단단한 암반에 터널을 뚫을 경우에는 뚫은 후 아무런 조치를 취하지 않아도 터널은 무너지지 않는다. 파낸 암반이 받치고 있었던 힘이 남아 있는 암반에게로 넘겨지더라도 이것을 충분히 감당할 수 있기 때문이다. 터널을 팠을 때 남아 있는 암반이 넘겨받게 되는 힘의 크기는 파낸 암반이 받치고 있었던 힘이 클수록 또는 터널의 크기가 클수록 커지기 때문에 동일한 땅이라 할지라도 터널 단면의 크기를 작게 할수록 유리하다. 흙처럼 무른 땅에 터널을 뚫을 경우에는 남아 있는 땅이 넘겨받은 힘을 스스로 감당할 수 없기 때문에 목재나 콘크리트 벽체 또는 강재 등으로 받쳐주지 않으면 터널을 만들 수 없다. 마치 개펄을 파내고 도구를 사용하여 파낸 주위의 개펄이 밀려들지 않도록 받쳐주지 않으면 파낸 부분이 순식간에 메워져버리는 것과 같다.

터널을 만드는 원리는 터널 주위의 땅과 지지부재와의 상호 역할분담으로 설명할 수 있다. 즉, 터널 주위의 땅이 단단하면 터널을 유지하기 위해서 필요한 지지부재의 역할이 줄어드는 반면, 터널 주위의 땅이 무르면 지지부재의 역할이 커지게 된다. 아직 터널기술이 발전하지 못했던 고대에는 터널을 파더라도 쉽게 무너지지 않을 곳을 찾아 터널을 뚫었다면, 현대에는 원하는 곳에 터널을 뚫을 수 있다. 터널의 생김새가 네모나지 않고 불필요해 보이는 빈 공간을 많이 가진 타원형 모양으로 되어 있는 것에도 터널기술의 비밀이 숨겨져 있다.

터널기술의 발전과 도약

터널기술의 발전은 크게 네 분야로 나누어 살펴볼 수 있다. 첫째는 땅속 상태를 알아보는 기술 분야이고, 둘째는 원하는 크기로 땅을 파는 기술이다. 도구나 장비가 미비했던 시절에는 이 과정이 어려웠고 시간도 많이 걸렸다. 셋째는 땅을 파낸 후 터널이 무너지지 않도록 지지하는 기술 분야로서 사용기간 동안 터널을 안전하게 유지시키는 기술이다. 마지막으로는 파낸 암석이나 토사를 터널 밖으로 꺼내는 기술이다.

오래전 동굴 생활을 했던 인류의 조상들은 터널을 뚫을 장소를 어

그림08 암반을 불로 달구는 모습[04]

떻게 선택했을까? 또, 옆에 있는 다른 동굴로 연결하는 통로 같은 것은 어떻게 뚫었을까? 아마도 자신들이 시행착오에서 얻은 경험을 활용하였을 것이다. 기원전 이집트인들은 어떤 방법으로 터널을 팠으며, 예루살렘의 히스기야Hezekiah 터널이나 길이가 1.3킬로미터나 되는 그리스 사모스섬의 에우팔리노스Eupalinos 터널을 파기 위해 어떤 방법을 사용하였을까? 에우팔리노스 터널을 파는 데 망치와 정chisel을 사용했다는 기록은 있지만[05] 아쉽게도 과정에 대한 상세한 기록을 얻을 수 없다.

무른 땅에서는 터널을 파기가 쉽지만 무너지기도 쉬워서 땅을 판 후 만들어진 터널 공간이 무너지지 않도록 지지해주어야 한다. 반면 암반처럼 단단한 땅은 터널을 파내어도 쉽게 무너지지 않지만 파내는 것이 어렵다.

철기를 발명하기 전에는 암석에 홈을 내거나 갈라진 틈에 마른 목재 쐐기를 박은 후 목재에 물을 적셔서 목재가 팽창하면서 발생하는 힘으로 암석을 쪼개는 방법을 사용하였다고 한다. 갈라진 틈이 많은 암반을 파는 데에는 어느 정도 효과를 거두었을 것이다. 다른 방법으로는 불을 지펴 암반을 뜨겁게 달군 다음, 찬물을 끼얹어 암반을 갈라지게 한 후 파는 방법이 있었다고 한다. 지하수가 나오지 않는 지역에서만 가능했을 작업이다. 이처럼 열의 변화를 이용해 암반을 쪼개는 방법은 작업자들이 질식하지 않도록 터널 내부에서 발생한 연기를 밖으로 빼내는 방법이나 신선한 공기를 터널 내부로 들여보내는 작업도 동시에 필요했을 것이다. 철기 시대에 들어와서는 망치와 정으로 암반을 쪼아서 터널을 팠다.

그림09 노벨상 메달의 앞면 모습(예시)

터널기술의 발전 과정 중에는 몇 가지 획기적인 발명이 있었다. 첫 번째는 화약의 발명이다. 화약은 기원전 4세기와 3세기 사이에 중국에서 초석(질산칼륨)과 유황을 섞어 불화살을 만든 데에서 기원을 찾을 수 있다. 9세기경에는 폭발물로 사용하기 시작했고 13세기 말경에는 유라시아 전역으로 퍼져나갔다. 이 시기의 화약을 흑색화약이라고 하는데 폭발력이 약할 뿐 아니라 작업자들의 건강을 해칠 수 있는 유해 가스도 발생시켰다. 그럼에도 불구하고 흑색화약은 1867년 스웨덴의 알프레드 노벨Alfred Nobel이 다이너마이트를 발명하기 전까지 터널 속 암반을 파쇄하는 데에 널리 사용되었다.

두 번째는 동력으로 바위를 뚫는 기계(착암기)의 발명이다. 마지막으로는 터널을 뚫은 후 지지하는 부재로 사용하던 목재나 암석, 벽돌 대신 철재와 콘크리트를 사용하게 된 것이다. 산업이 발전하고 이와 관련된 기술도 발전함에 따라 사람이나 짐승의 힘에 의존하던 암석과 토사의 운반 작업도 점점 기계장비가 도맡아 하게 되었다.

20세기에 이르러서는 터널을 뚫고자 계획하는 장소의 상태를 미리 조사하고 시료를 채취하여 육안으로 확인할 수 있게 되었다. 터널을 뚫기 전 터널이 뚫어질 위치에서 채취한 시료를 시험해봄으로써 실제 터널을 팠을 때 어떤 현상이 발생하는지를 예측할 수 있는 수준에 이르렀다. 이와 함께 획기적으로 발전한 발파기술과 중장비는 터널기술의 전환기를 이끌었다. 또한, 땅을 파낸 후 터널 주위의 땅을 지지하는 다양하고 효과적인 기술을 개발하기 시작하면서 예전에는 터널을 뚫는 것을 회피할 수밖에 없었던 지역에도 과감하게 터널을 뚫을 수 있게 되었다.

터널이 놓이게 되는 위치가 깊어지고 길이도 길어짐에 따라 터널 내부의 오염된 공기를 터널 밖으로 빼내고 신선한 공기를 터널 내부로 들여보내는 기술도 발전하였다. 특히 터널 내부로 들어오는 지하수의 양을 줄이는 기술이나 사고, 화재 등을 예방해주고 피해를 줄일 수 있는 기술이 발전하였다. 그리하여 터널의 크기와 모양에 크게 제약을 받지 않고 어디에든지 터널을 만들 수 있게 되었다.

고대에서 중세에 이르는 터널기술

기원전 3,000년경에 건설된 이집트의 피라미드 내부에는 분묘실을 향해 경사지게 뚫은 터널이 있다. 이뿐만 아니라 언제 뚫었는지 그 시기는 알 수 없으나 도굴꾼들이 뚫었을 것으로 추정하는 터널도 여러 개가 있다. 룩소르에 있는 왕가의 계곡에는 석회암 덩어리로 이루어진 산 속으로 200미터에 달하는 터널을 뚫고 들어가서 무덤을 만들었다. 당시의 통치자들은 성안에서 살면서도 유사시에 성 밖으로 안전하게 빠져나갈 수 있는 비밀 통로(터널)를 땅속에 마련해두는 일도 빠뜨리지 않았을 것이다.

또한 이집트인들은 기원전 10세기에 땅속에 거대한 수조를 만들고 이 수조에 물을 채우는 터널을 만들었다. 이것을 수로터널이라 부른다. 물이 없는 지역에서는 땅속으로 우물을 파서 물을 얻었고 물을 먼 거리로 보내기 위해서 물길을 만들었는데 이때 물길이 계곡을 만나면 다리를 만들어 잇고 산을 만나면 터널을 뚫었다. 이렇게 수로터널의 역사가 깊고 상대적으로 규모도 큰 것은 예나 지금이나 물을 얻지 못하면 사람이 살 수 없기 때문이다.

기원전 10세기 초부터 페르시아인들은 카나트Qanat라는 수로터널을 건설하기 시작하였다.[06] 그 후 3,000년 동안 길이의 합이 무려 27만 킬로미터나 되는 2만 2,000개의 카나트를 만들었다고 한다. 카나트는 마실 물이나 경작에 필요한 물을 지하수가 있는 땅속 지층(대수층aquifer)으로부터 땅 위의 농경지나 집으로 끌어내는 터널이다. 이런 카나트는 땅속의 수로터널을 따라서 연직 방향으로 뚫은 터널(우물)이 20미터에서 50미터 간격으로 줄지어 있는 것이 보통이다. 연직 방향으로 뚫은 이 터널들을 통해 땅속에 있는 물길까지 내려가 다시 수평 방향으로 터널을 파서 물길을 낮은 쪽 지표까지 연장하였다. 카나트의 길이가 12킬로

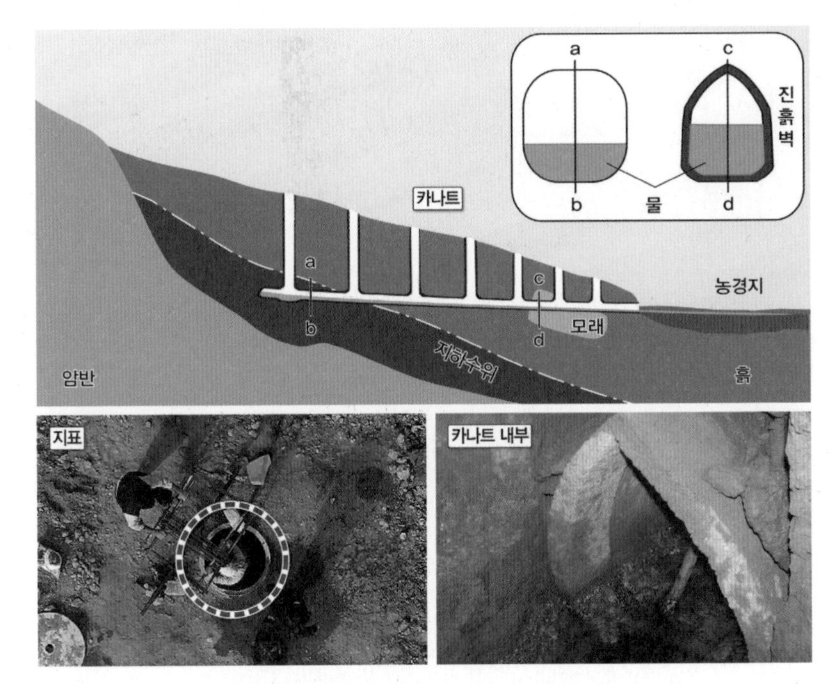

그림10 카나트를 통해 물을 얻는 방법[07]

미터에 달하는 것도 있고 연직 방향으로 뚫은 터널 중에는 깊이가 91미터나 되는 터널도 있었다고 하니 당시의 터널기술은 이미 상당한 수준에 이르렀다고 볼 수 있다.

'실로암 터널'로도 불리는 예루살렘의 히스기야 터널은 기원전 7세기경에 만들어진 수로터널이다. 연대와 이름은 성경(열왕기하 20장 20절, 역대하 32장 2~4절, 30절)에서 비롯되었다. 실로암 터널은 다윗성 밖의 기혼 샘에서 성안의 실로암 연못까지 이어지는 길이 533미터의 구불구불한 터널로 양쪽 끝의 높이 차가 30센티미터에 불과한 매우 완만한 경사

그림11 실로암 터널[08]

를 가지고 있다. 넓거나 높은 터널은 아니지만 사람이 전 구간을 걸어서 통과할 수 있다.

벽에 남겨진 기록(실로암 기록문Siloam inscription)에 의하면 이 터널은 두 팀으로 나누어진 인부들이 각각 다른 쪽에서 출발한 뒤 중앙부에서 서로 만나 완성하였다고 한다. 이 터널에 대해 연구하던 사람들은 석회암의 갈라진 틈을 따라 흐르는 물길을 확장했을 것이라고도 주장하고, 지표에서 망치 따위로 소리를 내어 두 팀을 유도했을 것이라고도 하지만, 실제로 터널의 양쪽 끝에서 출발한 두 팀이 어떻게 중앙부에서 서로 만날 수 있었는지는 명확하게 밝혀지지 않았다.

그리스인과 로마인들도 수로터널을 많이 뚫었다. 헤로도토스에 의하면[09] 기원전 687년 그리스 사모스섬의 카스트로산 하부에 길이가 1.3킬로미터, 높이와 폭이 각각 2.5미터 정도 되는 수로터널을 뚫었다고 한다.[10] 이 터널은 전 구간에 걸쳐 깊이 9미터, 폭 1미터의 수로를 파서 거대한 수원으로부터 사람이 모여 사는 사모스the city of Samos로 물을 공급하는 수로터널이다. 이 터널도 히스기야 터널처럼 터널의 양쪽 끝에서 각각 출발한 두 팀이 망치와 정을 사용하여 중앙부를 향하여 뚫어 나아갔는데 중앙부에서 만나지 못하고 약 5미터 정도 엇갈리게 되자 두 터널의 직각 방향으로 연결 터널을 뚫어 서로 연결하였다.

로마인들은 넓은 영토를 오랫동안 통치하면서 찬란한 문화와 유산을 남겼다. 이 중에는 수로터널, 배수터널, 도로터널이 수를 헤아리기 어려울 정도로 많으며 로마의 문화도 이를 통해 꽃피울 수 있었다. 자연스럽게 로마인들은 터널기술의 발전에도 큰 공헌을 남기게 되었다.

로마인들이 뚫은 대표적인 수로터널에는[11] 길이가 무려 16킬로미터에 달하는 아피아 수로터널Appian aqueduct(서기 100년경)과 아테네로 물을 공급하기 위해 뚫은 길이 2.4킬로미터의 하드리아누스Emperor Hadrian황제 수로터널이 있다. 물을 버리는 배수터널로는 기원전 359년에 뚫은 길이 1.8킬로미터의 알바노Albano호 배수터널과 서기 41년경에 만든 5.6킬로미터의 푸치노Fucino호 배수터널이 있다. 이 외에도 기원전 40년경 카이사르 아우구스투스Caesar Augustus가 재위했던 기간에 만들었을 것으로 추정하는 포실리포Posilipo 도로터널(폭 7.6미터, 높이 2.3미터, 길이 914미터) 등이 있다.[12] 오늘날까지 로마 시대의 유적으로 남아 있는 공중 목욕시설과 수세식 화장실은 사용할 물을 얻는 시설과 버리는 시설이 있었기 때문에 가능하였다.

서로마제국이 멸망한 후 중세 말엽까지는 로마제국 시대와 비교할 만한 규모의 터널은 만들어지지 않았다. 물론 이 장구한 세월 동안 땅속에 공간을 만들어 사용한 예는 많았을 것이다. 1556년 아그리콜라Georgius Agricola가 저술하고 1912년에 후버 부부Herbert Clark Hoover and Lou Henry Hoover가 영역한 『데 레 메탈리카De Re Metallica』에는 로마

그림12 『데 레 메탈리카』에 묘사된 터널의 지지 방법

제국 당시의 터널기술에 대한 내용 일부가 정교한 삽화와 함께 수록되어 있다. 아그리콜라는 총 12권으로 쓰인 이 책에 광물의 분포 형태, 조사 방법, 광물을 캐고 운반하는 방법, 선별하여 광물을 얻는 방법과 그 과정 등을 기록하였다. 또한 광물을 캐기 위해 뚫은 터널을 나무로 지지하고 있는 삽화와 신선한 공기를 터널 내부로 보내는 풀무에 대한 삽화도 수록하였다.

그림13 『데 레 메탈리카』에 묘사된 환기 방법

근대의 터널기술

근대에 들어서 산업이 발달하자 원료를 조달하고 제품을 만들어 소비 지역으로 보내는 경제 활동이 활발해졌다. 이러한 사회경제적 필요를 충족시키기 위해 땅속 공간을 활용하는 방법도 다양해졌다. 운하터널이나 해저터널이 등장하기 시작한 것이 그 예이다. 운하canal는 사람이나 물건을 수송하는 배를 운항하거나 농사를 짓는 데 필요한 물을 대기 위해 육지에 파놓은 물길이다. 운하를 만들어가다 산을 만나게 되면 산을 뚫어서 운하를 이어가게 되는데 이때 생긴 상부가 닫힌 모양의 운하를 운하터널이라 한다.

최초의 운하터널은 1666년에 착공하여 1681년에 완성된 것으로, 프랑스 남서부의 대서양 쪽에 위치한 비스케이만Biscay Bay과 지중해를 연결하는 237킬로미터의 미디 운하Canal du Midi의 일부인 말파스Malpas 터널이다. 말파스 터널은 폭이 6.7미터, 높이가 8.2미터 정도이고 길이가 165미터에 이르는 유럽 최초의 운하터널이자 화약을 사용하여 뚫은 최초의 터널로 알려져 있다.

터널은 크기가 작을수록 안전하고 노력과 경비도 적게 들기 때문에 필요를 충족시키는 선에서 가능한 한 작은 면적이 되도록 뚫었다.

그림14 초기 운하터널에서 배를 운행하는 모습[13]

그러므로 초기의 운하터널에서 배를 끄는 별도의 길(예선로towpath)을 옆에 만들지 않는 것은 매우 당연했다. 그림14에서처럼 운하터널에서 사람이 배의 널빤지에 누워서 발로 터널을 걷는 방법legging으로 배를 운항하는 것은 몇 안 되는 운항 방법 중의 하나였다. 터널 벽면에 발을 딛고 밀 때 발이 미끄러지지 않도록 홈을 파놓기도 했다. 간혹 배를 미는 사람(배밀이legger)이 물에 빠져 생명을 잃는 일들도 발생하여 배를 미는 사람을 끈으로 널빤지에 묶기도 하였다. 긴 운하터널에는 허가를 받은 전문 배밀이가 이 일을 담당하였다. 숙련된 배밀이가 길이 4.8킬로미터인 스태니지Standedge 터널에 빈 배를 통과시키는 데 1시간 20분이 걸렸고, 짐을 가득 실었을 때에는 무려 3시간이 걸렸다.

이렇게 비효율적이고 위태로운 배밀이 방법은 증기기관이 등장하면서 대체될 수 있을 것처럼 보였다. 하지만 증기기관이 모든 환경에 적합하지만은 않았다. 증기기관을 가동할 때 열과 매연이 발생했는데 오래전부터 사용해오던 비좁은 운하터널에서 이들을 처리할 마땅한 대책을 세우기 어려워 데이거나 질식될 위험을 감수해야 했다.

영국에서는 1777년 트렌트Trent강과 머시Mersey강을 연결하여 길이가 무려 150킬로미터에 달하는 대간선 운하Grand Trunk Canal가 완성되었는데 이 운하에는 5개의 터널이 있었다. 이들 중 헤어캐슬Harecastle 터널은 길이가 2,633미터나 되었다. 참여했던 토목기술자의 이름을 따서 브린들리Brindley 터널이라고도 부르는 이 터널은 폭이 좁아 통과하는 데 시간을 많이 소요하였을 뿐 아니라 붕락도 자주 발생하였다. 이런 이유로 1827년에 이 터널보다 단면이 크고 길이도 약간 더 긴(2,676

미터) 텔퍼드Telford 터널을 만들게 되었고, 결국 브린들리 터널은 1900년대에 폐쇄되었다.

터널은 주로 무너질 위험이 적은 단단한 암반지역에 뚫지만 경우에 따라서는 위험을 감수하고서라도 강이나 바다의 하부를 가로질러 뚫는 경우도 있다. 일반적으로 강바닥 아래에 있는 땅은 갈라짐이 많거나 상태가 무르고 수압도 높아 터널을 뚫을 때 주의를 기울이지 않으면 무너질 수 있다. 특히, 수심이 깊은 지역에서 터널을 뚫다 사고가 발생할 경우에는 인명 피해는 물론 재산 피해도 크기 때문에 높은 수준의 터널 기술이 필요하다.

영국 런던에 있는 템스강 터널은 템스강 하부를 가로지르는 터널로[14] 폭 4.3미터, 높이 5.2미터의 터널 2개가 벽돌벽을 사이에 두고 나란히 놓여 로더하이스Rotherhithe와 와핑Wapping 사이를 연결하는 396미터 길이의 터널이다. 강 밑에 뚫은 세계 최초의 터널(하저터널)이기

그림15 런던 시내를 지나 북해로 흐르는 템스강

도 하다. 이 터널은 프랑스에서 영국으로 이민한 마크 이점바드 브루넬Marc Isambard Brunel과 1806년 그의 아들로 태어난 이점바드 킹덤 브루넬Isambard Kingdom Brunel이 1825년부터 1843년까지 18년에 걸쳐 완성하였다. 아들 이점바드는 19세가 되던 1825년부터 현장책임기술자라는 막중한 임무를 맡아 아버지와 함께 이 거대한 터널공사를 지휘하였는데, 아버지나 아들 중 한 명 이상이 늘 현장의 맨 앞에 머물렀을 정도로 헌신적이었다고 한다. 후에 패트릭 비버Patrick Beaver는 그가 저술한 『A History of Tunnels(터널의 역사)』라는 책에서 아들 이점바드 킹덤 브루넬을 "역사상 가장 위대한 토목기술자The greatest civil engineer in history"라고 기록하기도 하였다.

이 터널공사를 진행하기 전인 1807년, 영국 기술자 리처드 트레비식Richard Trevithick이 템스강 하부에 폭 4.8미터, 높이 4.8미터인 터널을 뚫으려고 공사를 시도했었다.[15] 그는 높이 1.5미터에 아래와 위의 폭이 각각 0.9미터와 0.6미터로 한 사람이 겨우 들어갈 만한 조그만 터널을 먼저 뚫은 다음, 이 터널을 예정한 크기대로 확장할 계획이었다. 그가 사용한 터널기술은 진흙과 모래로 섞인 땅을 목재로 받치면서 파는 기술이었는데 처음 몇 개월 동안은 이 작은 터널을 뚫는 데 성공을 거두는 듯했으나 무른 땅과 높은 수압 등 주위의 어려운 여건을 극복하지 못하고 결국 실패했다. 그러나 리처드 트레비식의 이러한 도전적인 시도는 영국의 터널기술을 한 단계 더 발전시키는 자양분이 되었으며 그가 실패한 지 35년이 지난 1843년에 마침내 템스강 터널을 탄생시킬 수 있는 수준으로 발전하였다. 리처드의 쓰라린 실패가 값진 교훈이 된 것이다.

템스강 터널이 세계 최초의 하저터널이라는 사실 외에 터널기술 역사에서 주목을 받고 있는 또 다른 이유는 개펄과 같은 무른 땅속에 터널을 안전하게 뚫을 수 있도록 고안된 실드shield를 최초로 사용하였기 때문이다. 실드는 '방패'라는 말의 의미처럼 땅을 파낸 부분에 미리 제작한 철제 틀을 밀어 넣음으로써 땅이 무너지는 것을 방지하여 터널 내부를 보호하는 기술이다. 실드의 앞에 있는 땅을 파내면서 실드를 전진시키고 그 뒤에 드러난 땅을 벽돌과 같은 지지부재로 받치는 과정을 순차적으로 반복하며 터널을 만든다.

브루넬 실드는 모양이 사각형(폭 11.43미터, 높이 6.7미터)이며 주철과 단철로 만들어진 폭 0.9미터, 높이 6.7미터의 틀 12개를 마치 책꽂이에 책을 세워놓은 것처럼 가로 방향으로 세운 후 조립하여 터널의 앞면과 측면에서 밀려들 수 있는 흙을 지지하도록 했다. 각각의 틀이 3층으로 나뉘어 36개의 격실을 이루고 있었으며 격실에 한 명씩 총 36명의 작업자들이 터널의 앞면을 지지하고 있는 500개에 이르는 철판(길이 90센티미터, 높이 15센티미터, 두께 7.6센티미터)들을 잭으로 하나씩 전진시켰다. 모든 철판의 전진이 끝나면 전체 터널은 11.4센티미터 앞으로 나갈 수 있었다.

템스강 터널을 뚫고 있었던 시기는 제1차 산업혁명이 절정을 이루던 시기였다. 공사를 시작한 지 2년이 조금 지난 1827년 5월에 템스강 바닥이 물과 함께 뚫고 있는 터널 속으로 쏟아져 터널 전체가 물에 잠기는 사고가 발생했다. 이때 이점바드 킹덤 브루넬이 다이빙 벨diving bell을 타고 직접 사고 지점으로 내려가 사고 원인을 찾아 사고를 빠르게

그림16 템스강 터널에 사용한 브루넬 실드[16]

수습하고 현장을 복구하기도 하였다.

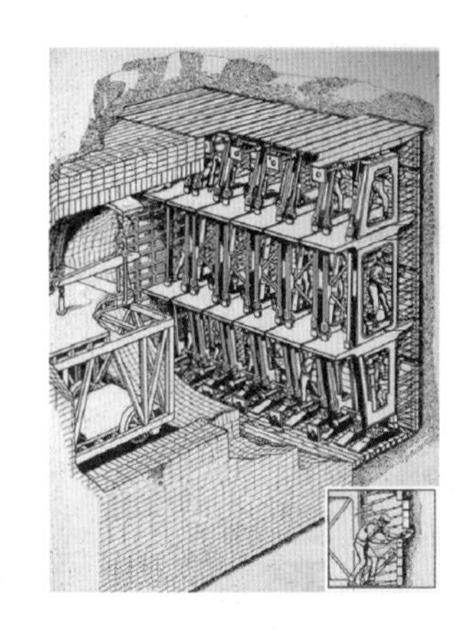

흐르던 강물이 갑자기 넓은 지역에 이르면 속도가 느려지며 운반하는 힘도 잃게 된다. 이때 강물과 섞여 함께 떠내려온 모래나 자갈 등은 무거운 것부터 차례로 가라앉아 바닥에 쌓이게 된다. 이렇게 되면 수심이 얕아져서 배가 다닐 수 없기 때문에 주기적으로 강바닥이나 바다 밑에 쌓인 흙이나 모래, 자갈 등을 파내야 한다. 이 일을 전문용어로 준설dredge이라 한다.

템스강 터널의 사고는 강바닥에 쌓인 자갈을 준설할 때 생긴 깊은 웅덩이 부분과 실드 윗단 사이의 얇은 땅이 물과 함께 휩쓸려 내려가서 발생하였다. 사고 지점에 점토를 채운 부대를 떨어뜨려 웅덩이를 메우고 그 위를 점토층으로 덮어 물을 막은 후 터널 내부의 물을 퍼내고 공사를 다시 시작하는 데에 불과 2개월 8일밖에 걸리지 않았다. 하지만 더 큰 문제는 다음 해인 1828년 1월에 발생하였는데 실드가 이전의 사고에서 만난 것보다 더 큰 웅덩이를 만나 터널이 다시 물에 잠기게 된 사고였다. 공사를 다시 시작해야 한다는 뜨거운 여론이 있었음에도 불구하고 이를 수습할 자금을 마련하지 못하자 7년 동안이나 공사가 중단되었다.

템스강 터널은 폭 11.4미터, 높이 6.7미터의 브루넬 실드 내부에 폭 4.3미터, 높이 5.2미터의 말발굽 모양의 터널 한 쌍의 면적을 남기고 나머지 공간을 벽돌로 채워서 완성하였다. 유입되는 물과 굴착해서 나온 토사를 운반할 때는 증기기관을 사용하였다. 요즘의 기술에 비해 엄청난 인력과 시간과 경비를 들여 터널을 완성했다. 브루넬이 창안한 실드기술은 오늘날의 원통형 실드의 첫 모델이 되었고 브루넬 부자가 이룬 업적은 터널기술을 혁신적으로 발전시키는 밑거름이 되었다. 지하철이 끊긴 한밤중에 템스강 터널 중앙부에 서면 템스강을 왕래하는 배의 모터 소리가 들릴 정도로 템스강 터널의 꼭대기와 강바닥이 가깝다. 이 터널은 현재 런던지하철의 일부로 사용되고 있다.

터널기술의 확산

18세기 중반부터 영국에서 시작된 산업혁명은 경제와 사회구조에 큰 변화를 일으켰고 그 여파는 전 세계로 빠르게 퍼져나갔다. 이 무렵 주요 운송수단이 운하에서 철도로 바뀌면서 철도산업이 급성장하였다. 운하터널은 광산용 터널에 비해 규모가 컸으며 철도터널은 이보다 더 컸다. 이렇게 규모가 커지면서 터널을 뚫는 방법도 달라지고 터널기술도 지역별로 조금씩 차이를 보이기 시작했다. 특히 철도는 기차가 레일 위를 달려야 하기 때문에 자동차 도로와 달리 급한 기울기로 오르내릴 수 없을 뿐만 아니라 회전하는 곳의 곡선반경도 커야 한다. 철도의 이런 특성 때문에 산과 같은 걸림돌을 만나게 되면 터널을 뚫어야 하는 경우가 도로의 경우보다 많다. 철도가 연장될수록 터널이 많이 생기는 것도 이 때문이다.

세계 최초의 철도는 1825년에 개통된 영국의 스톡턴Stockton과 달링턴Darlington을 연결하는 철도이고,[17] 5년 후인 1830년 리버풀과 맨체스터를 연결하는 구간에 철도터널이 생겼다. 최초의 철도터널은 1826년에 시공하여 1829년에 완공한 프랑스의 테레누아르Terrenoire 터널이다.[18] 이 철도터널은 로안느Roanne와 앙드레지외Andrezieux를 연결하였다. 당시의 철도는 아직 말이 끄는 마차철도였다.

스티븐슨의 증기기관을 사용한 최초의 터널은 1830년에 완공한 영국 리버풀의 와핑 터널이다. 이 터널은 폭이 6.7미터, 높이가 4.9미터이고 길이가 2,076미터에 이르며 지상으로 뚫린 환기구를 5개소나 갖추고 있었다. 동력이 동물에서 기계로 옮겨가면서 기차가 커지고 이동 속도도 빨라졌지만 해결해야 할 기술적인 문제도 발생했다. 터널이 길어지면서 내부의 오염된 공기를 빼내는 환기 시설과 터널 내부로 들어오는 지하수를 밖으로 빼내는 기술이 필요해진 것이다. 필요가 발명을 낳는다는 말을 증명이라도 하듯 이 분야의 기술들을 발명하고 해마다 발전시켰다.

19세기 중엽 이후의 터널기술

유럽을 가로지르는 알프스산맥은 오랫동안 사람들의 이동을 제한해왔다. 그러나 이런 자연적 제약이 인간의 열망까지 차단하지는 못했다.

기원전 218년 제2차 포에니전쟁에서 한니발 장군과 그의 병사들은

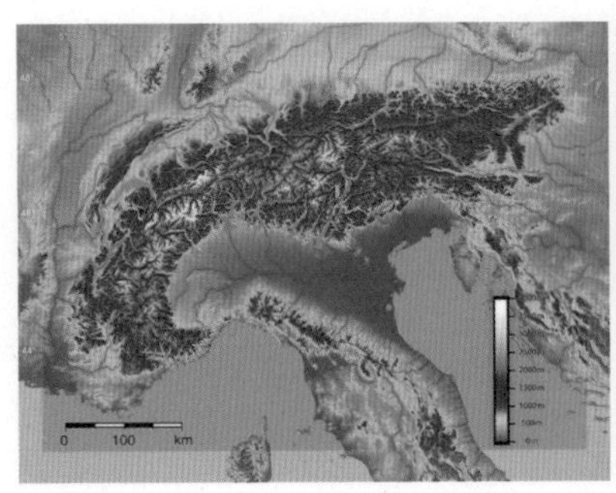

그림17 알프스산맥과 해발 4,809미터의 최고봉 몽블랑

로마를 공격하기 위해 코끼리를 앞세우며 알프스를 넘었다. 약 1,000년 후인 768년, 프랑크 왕국의 샤를마뉴는 800년까지 세 차례나 알프스를 넘어 이탈리아반도로 원정을 감행했고, 또 1,000년의 시간이 흐른 뒤 보나파르트 나폴레옹은 1800년에 오스트리아와 이탈리아를 공격하기 위해 알프스를 넘었다. 이들은 험준한 산맥에서 쓰러져가는 병사들을 보며 어떤 생각을 했을까? 혹시 터널을 뚫을 생각은 해보지 않았을까? 물론, 이런 생각을 했더라도 감히 이루어내기는 어려웠을 시기였지만 말이다.

알프스산맥이라는 지형적 장애물은 인접해 있는 나라들에게 도전정신을 안겼고 이런 환경을 극복해가는 과정에서 마치 진주조개가 진주를 만들어내듯 터널기술을 개발하고 발전시켰다. 만약 앞서 언급한 세 영웅들이 오늘날과 같이 평안하게 알프스산맥 밑을 지나 반대편 지역으로 갈 수 있도록 한 터널을 본다면 엄지를 치켜들며 찬사를 보냈을 것이다.

알프스산맥을 관통하는 최초의 터널은 파리와 로마를 연결하는 철도의 일부인 몽스니Mont Cenis 터널이다.[19] 이 터널은 길이가 1만 2,847미터이며 두 나라의 국경에 있는 몽스니 봉을 해발 1,123미터의 높이에서 관통하는 기념비적인 터널로서 1857년에 착공하여 1871년에 완공하였다. 프랑스 작업팀과 이탈리아 작업팀이 만나는 중앙부에서 두 터널을 좌우로 40센티미터, 상하로 60센티미터 정도만 조정했을 정도로 정확하게 시공했다. 유압으로 바위를 뚫는 기계와 전기점화식 화약을 사용한 덕분에 공사 기간도 예상보다 11년이나 단축할 수 있었다.

그림18 유압식 기계로 암반을 뚫고 있는 광경[20]

터널을 뚫는 과정에는 어두운 면도 있었다. 예상하지 못했던 기후, 성질이 다른 암반의 출현, 높은 온도와 습도, 지하수의 솟구침, 분진 등의 악조건을 만나 막대한 인명 피해와 경비의 손실이 발생했다. 국가 간의 경쟁의식 때문에 이것들을 이겨내며 공사를 완성시킬 수 있었다고 기록하였으며, 이런 어려움들을 미리 알았더라면 누구도 감히 이 공사에 참여하겠다고 나서지 못했을 것이라는 평가가 있을 정도이다. 시운전 중 증기기관차의 연기로 인해 기관사 2명이 질식하는 사고도 있었다. 몽스니 터널은 이후 1882년 스위스에서 1만 5,003미터에 달하는 고트하르트Gotthard 터널이 완공되기 이전까지 11년 동안 세계 최장 터널의 지위를 유지하였다.

고트하르트 터널은 1882년 1월 1일부터 운행에 들어갔다. 양쪽 끝

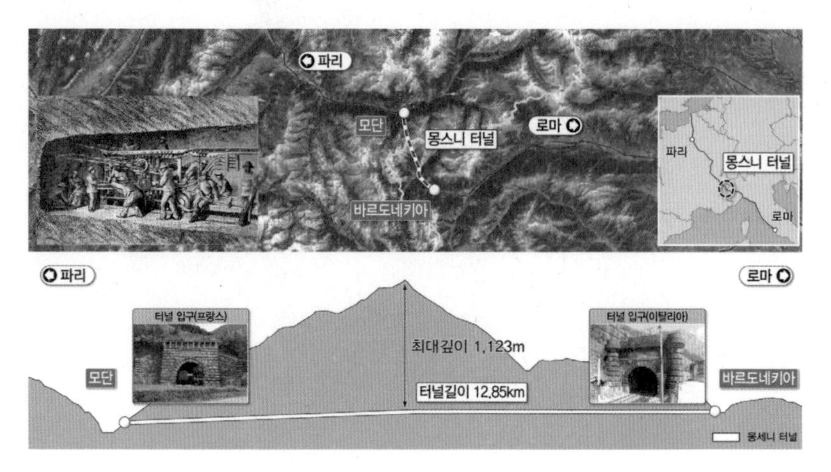

그림19 몽스니 터널의 위치와 입구의 모습

에서 출발한 기술자들이 8여 년의 대장정 끝에 중앙부에서 서로 만나 감격을 누린 관통 시기는 이 시기보다 2년 정도 빠른 1880년 2월이다. 당시 몽스니 터널에서 사용한 장비와 기술들을 이어받아 사용하였다. 터널을 완성해가는 대표적인 순서는 다음의 그림과 같다.

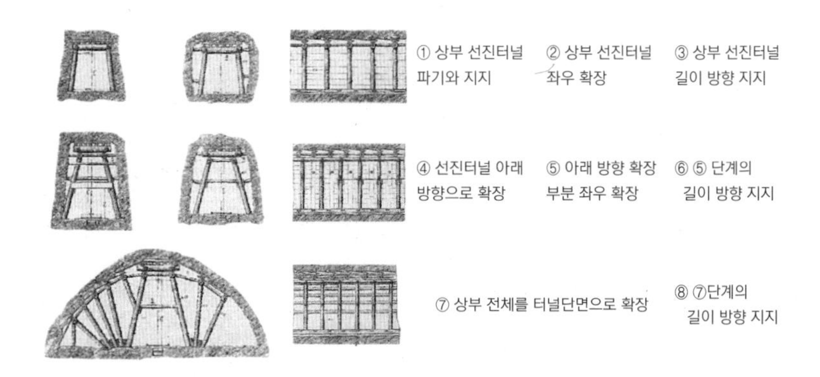

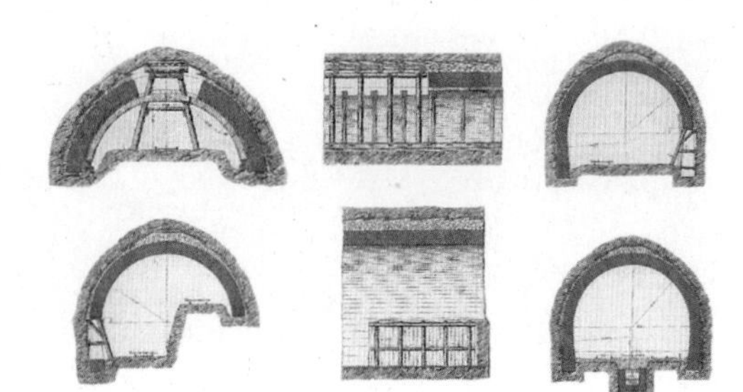

그림20 고트하르트 터널의 완성 과정[21]

그림21은 고트하르트 터널을 달린 최초 우편열차의 엔진이다. 한편 오스트리아에서도 비슷한 시기에 연장 10.3킬로미터의 아를베르크Arlberg 철도터널(1880년~1884년)을 완성하였다.

고트하르트 터널 완공 후 24년이 지난 1906년 스위스 브리그와 이탈리아의 도모도솔라를 잇는 터널을 완성하였다. 알프스를 관통하는 초기의 철도터널로서 터널기술 역사상 기념비적이라 할 수 있는 심플론Simplon 터널이다. 터널을 뚫자는 의견이 처음 제안되고(1853년) 53년이 흐른 후에 현실이 되었다. 다양한 조사와 검토를 거치며 1886년에 이르러서야 비로소 실현 가능한 터널계획을 탄생시켰는데, 여기에는 몽스니 터널과 고트하르트 터널에서 얻은 기술력이 힘을 더했다. 터널이 지나가는 땅에 대한 상태와 성질을 파악하는 작업은 1851년부터 시작하였고 수십 년 동안 여러 차례의 보완 작업을 거치며 1904년 그림22와 같은 지질구성도가 작성되었다.

심플론 터널은 단선철도 터널이 나란하게 쌍(심플론I, II 터널)을 이루고 있다. 심플론I 터널(1만 9,803미터)은 1906년에, 나중에 뚫은 심플론II

그림21 고트하르트 터널을 달린 최초의 우편열차 엔진[22]

터널(1만 9,824미터)은 1921년에 각각 운영을 시작하였다.

15년의 사이를 두고 뚫은 이 두 터널은 17미터 간격으로 떨어져 있다. 그리고 길이 방향으로 200미터마다 서로 연결하는 터널을 두었다. 먼저 중앙 하부에 소규모 선진터널pilot tunnel을 100미터씩 수평으로 뚫은 다음 위쪽 연직방향으로 터널 천장까지 뚫었다. 이어서 상부에서 터널의 양쪽 입구 쪽으로 파며 하부에 뚫어놓은 터널과 상하를 연결하고, 나머지 부분을 모두 파냄으로써 온전한 터널 단면을 만들었다. 섭씨 56도의 암반과 걷잡을 수 없이 쏟아지는 지하수가 야기한 어려움들을 극복했다.

심플론I 터널을 뚫을 당시 향후 뚫게 될 심플론II 터널 위치에 터널과 나란한 방향으로 작은 갤러리를 미리 뚫어둠으로써 심플론I 터널과 심플론II 터널 공사를 모두 용이하게 한 점이 눈에 띈다(그림22와 25). 심

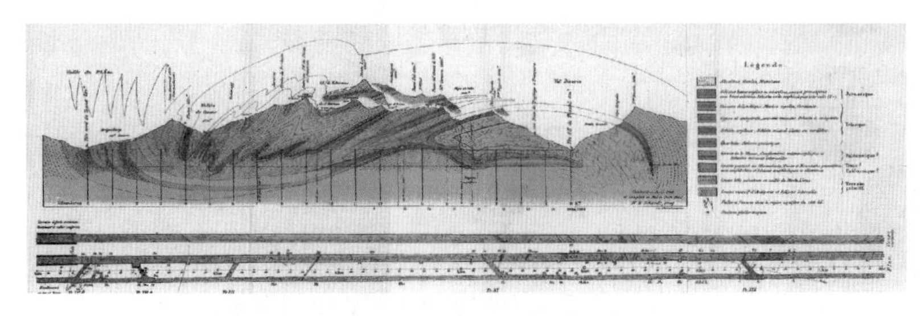

그림22 1904년의 심플론 터널 구간의 지질구성도[23]

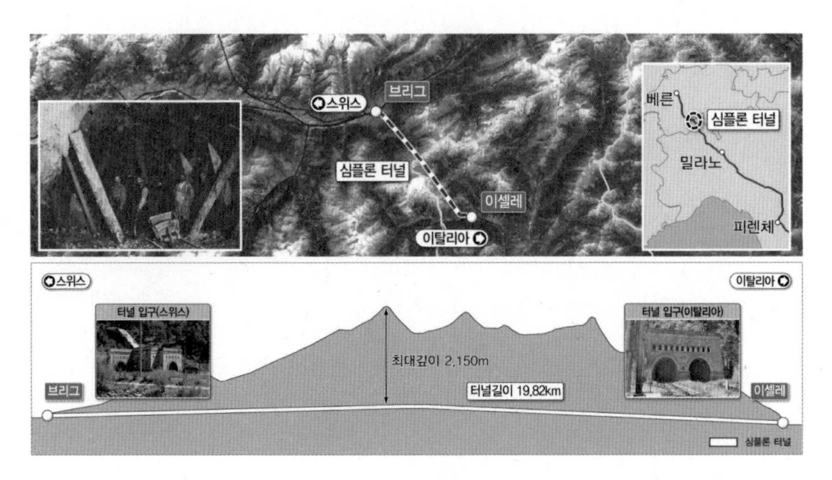

그림23 심플론 터널

플론 터널의 완성을 알리는 기념 우편엽서 또한 장대한 여정의 도전이 마침내 승리를 안겨줬음을 알리는 기적소리를 담고 있는 듯하다. 심플론 터널은 세이칸 터널이 등장하기까지 80년 이상 세계의 최장 철도터널의 지위를 유지하였다.

해발고도도 몽스니 터널에 비해 418미터가 낮아 2016년 고트하르

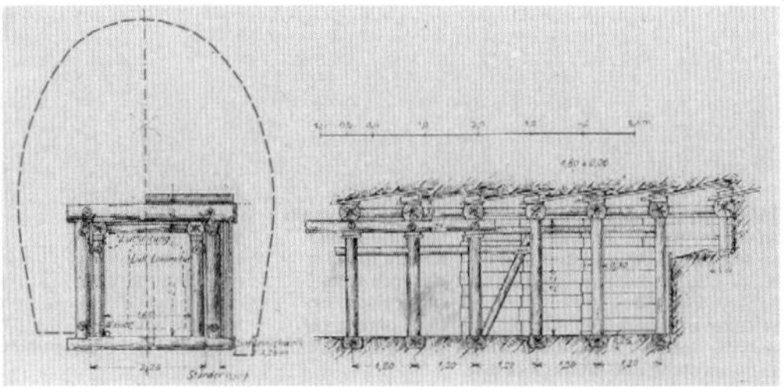

그림24 심플론 터널의 초기 굴착과 천장부 석재마감[24]

트 베이스 터널을 완공하기까지 110년 동안 알프스산맥을 관통하는 터널로서는 해발고도가 가장 낮은 터널이었으며 최대 심도가 2,150미터에 이른다. 심플론 터널 후에도 알프스산맥을 가로지르는 철도터널들이 계속해서 탄생했는데 대표적인 터널로는 14.6킬로미터의 뢰치베르크Lötschberg 터널(1907~1913년)과 11.5킬로미터의 몽블랑Mt. Blanc 터널(1958~1964년) 등이 있다. 뢰치베르크 터널은 시공 중이었던 1908년 가

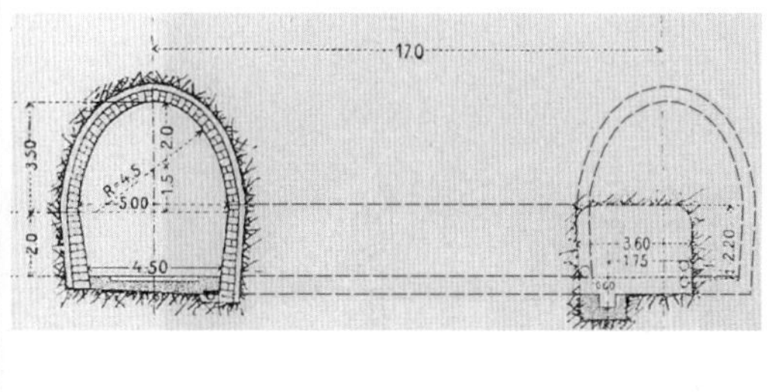

그림25 심플론I 터널의 횡단면도와 기념 우편엽서[25]

스테른 계곡Gastern Valley에서 대규모 붕락사고를 만나 노선 자체를 변경해 그곳을 피해간 것으로 이름을 알린 터널이다.

터널기술은 아메리카 대륙에서도 발전하였다. 미국은 1851년에 후색Hoosac 터널 공사를 시작하여 1875년에 마쳤는데, 압축공기compressed air 착암기와 전기뇌관을 사용하여 뚫고 다이너마이트를 최초로 사용해 완성했다는 것에 의의가 있다. 이 터널은 길이가 7,640미터로 1916년 캐나다 브리티시컬럼비아주 남부의 셀커크산맥을 통과하는 8,082미터의 코노트Connaught 터널을 완공하기까지 북아메리카 대륙에서 길이가 가장 긴 철도터널이었다.

세계를 놀라게 한 20세기의 터널기술

땅속은 어떤 물질들로 이루어져 있으며 과거에 어떤 영향을 받았고 지금은 어떤 영향 아래 있는가? 가장 크게 영향을 미칠 것으로 예상하는 요소에는 어떤 것들이 있는가? 그리고 그곳에 터널을 뚫었을 때 어떤 변화가 일어날 것인가? 이런 궁금한 사항들에 대한 지식과 경험이 쌓였고, 어려운 문제들을 해결하는 과정을 통하여 터널기술도 빠르게 발전했다. 특히 무른 흙을 단단하게 만들고 스며드는 지하수를 차단하는 등의 기술들을 고안하면서 터널을 뚫는 것이 불가능해 보였던 지역에도 뚫을 수 있게 되었다. 이와 같은 기술의 진보는 도로와 철도의 확장으로 더욱 많아진 터널들을 뚫는 데 필요한 기술들을 제공해주었다.

20세기에 들어와서 뚫은 터널의 수와 규모가 그 이전에 뚫었던 것들을 능가한다고 해도 과언이 아닐 정도로 터널기술은 우리 사회의 발전에 크게 기여하였고 긍정적인 영향을 끼쳤다. 21세기에 접어든 이후에는 터널 없이는 도시의 성장도 더 이상 기대할 수 없다고 말할 정도가 되었다.

물을 운반하는 터널(수로터널)

세계적으로 길이가 가장 긴 터널은 미국의 델라웨어 수로터널Delaware Aqueduct이다. 뉴욕시는 이 터널을 통해 필요한 물의 50퍼센트 정도를 공급받는다. 이 터널은 1939년에 뚫기 시작하여 1945년에

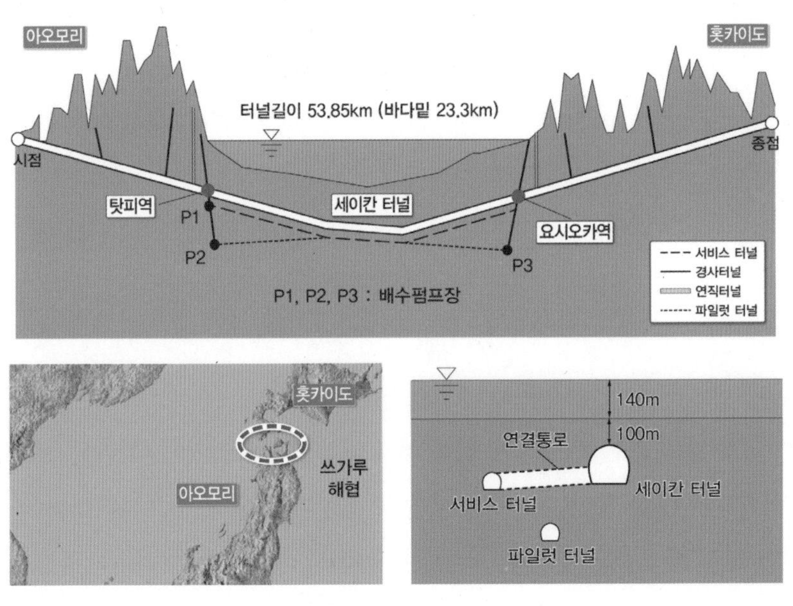

그림26 세이칸 터널(최대 수심 140미터, 길이 53.85킬로미터, 일본)[26]

완공하였는데 폭은 4.1미터로 그리 넓진 않지만 길이가 무려 137킬로미터나 된다. 핀란드 남부에도 이 터널과 크기가 비슷하고 길이가 120킬로미터인 페이옌네Päijänne 수로터널이 1982년에 완성되었다. 현재까지 길이가 100킬로미터가 넘는 터널은 이 두 터널뿐이다.

바다 밑에 뚫은 터널(해저터널)

일본의 쓰가루 해협 아래를 통과하여 혼슈와 홋카이도를 연결하는 세이칸 터널은 바다 밑을 통과하는 부분을 가지고 있는 철도터널로서는 세계에서 가장 긴 터널이다. 터널의 전체 길이는 53.85킬로미터이며 바다 밑에 잠겨 있는 길이는 23.3킬로미터이다. 철도의 레일은 바다 밑바닥으로부터 100미터 깊이에 있고 최대 수심은 140미터나 되어 터널에 걸리는 수압의 최대치는 240톤에 이른다.

세이칸 터널의 특징은 터널과 30미터 정도 떨어진 거리에 터널과 나란하게 작은 지름의 조사용 터널을 먼저 뚫어, 본 터널을 뚫을 때 접하게 될 암반과 지하수 상태를 미리 조사하고 대비했다는 점이다. 그럼에도 불구하고 터널을 파는 동안 터널 내부로 침투해 들어오는 바닷물을 차단하는 데 많은 노력을 기울여야 했다. 세이칸 터널은 24년 동안이나 공사를 한 끝에 1988년 3월에 완공되었다.

영국과 프랑스 사이의 도버 해협 하부를 통과하여 두 나라를 땅속에서 이어주는 채널Channel 터널은 전체 길이가 50.45킬로미터이고 바다 밑에 잠겨 있는 길이는 37.9킬로미터로서 세이칸 터널보다 15킬로미터 정도 긴 철도터널이다. 바다 밑바닥으로부터 평균 75미터 아래를

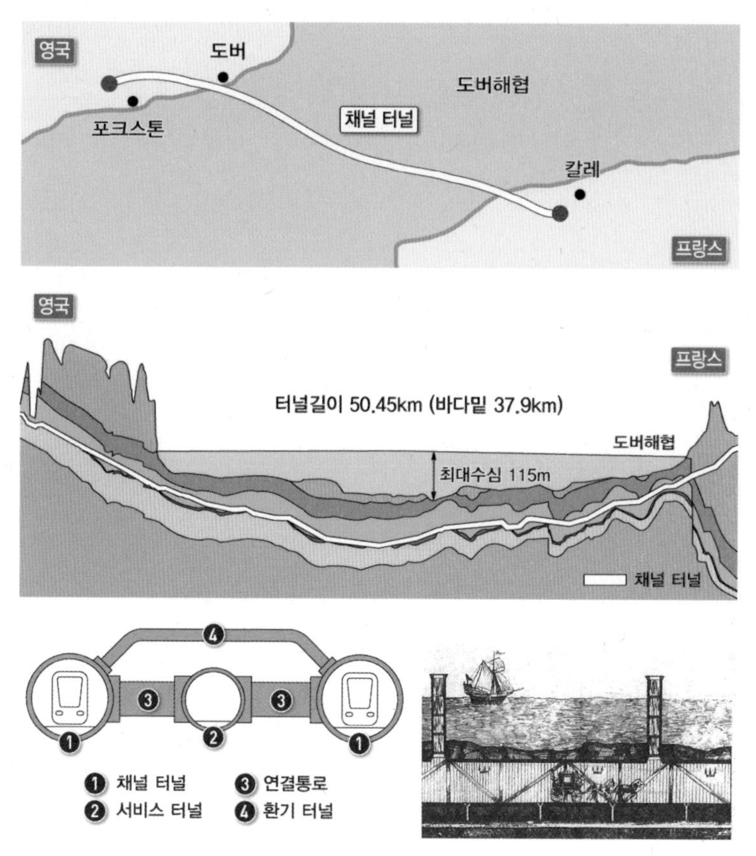

그림27 채널 터널(최대 수심 115미터, 길이 50.45킬로미터)[27 28 29]

지나고 최대 수심은 115미터로 세이칸 터널보다 얕다. 이 터널은 직경이 7.6미터인 두 터널이 서로 30미터 떨어져 나란히 가는 구성으로 이루어져 있고 두 터널 가운데에는 직경 4.8미터의 서비스 터널(본 터널을 유지하고 관리하는 데 사용하는 터널)이 있다. 서비스 터널은 가로 방향으로 375미터 간격으로 뚫은 연결통로를 통해 본 터널과 연결된다.

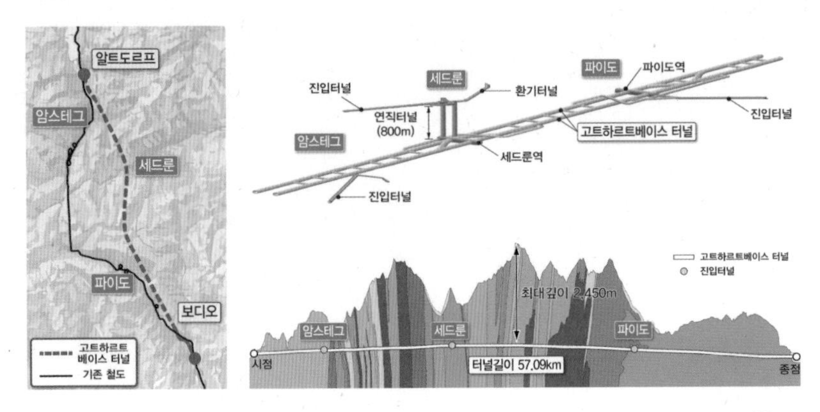

그림28 고트하르트베이스 터널(최대 깊이 2,450미터, 길이 57.09킬로미터, 스위스)[30]

채널 터널의 또 다른 특징으로는 위쪽에 좌우 본 터널을 연결하는 통로가 250미터 간격마다 있어 기차가 나아갈 때 공기를 밀어냄으로써 발생하는 기압을 반대편 터널에서 흡수하도록 설계했다는 점이다. 이 형식은 열차가 진행하는 힘을 통해 터널 내부 공기를 순환시킬 수 있다는 이점도 있다.

채널 터널은 1994년부터 사용하기 시작했지만, 영국과 프랑스를 바다 밑에서 잇고자 한 계획은 이보다 192년을 거슬러 올라간 1802년, 나폴레옹이 프랑스를 통치하던 시기에 이미 존재했다. 바로 프랑스의 광산기술자였던 알베르 마티외파비에Albert Mathieu-Favier가 최초로 제안하였으며 그는 마차가 달리는 터널을 기획하였다. 일종의 이층 터널 형식으로, 물을 빼내기 위해 바닥에 별도의 터널을 계획하였다. 이 고안에는 도버 해협에 인공 섬들을 만들어 피곤한 말들을 교대시키고 환기도 시키겠다는 구상도 포함하였다. 또한 터널 내부를 밝히기 위해 기름

램프들을 줄지어 걸도록 계획하였다.

열차가 달리는 터널(철도터널)

2017년 현재 사용 중인 터널 중 세계에서 가장 길면서도 가장 깊은 터널은 스위스 알프스를 관통하여 이탈리아로 이어지는 고트하르트 베이스Gotthard Base 터널이다. 이 터널은 철도터널이며 길이가 57.09킬로미터이고 최대 깊이는 2,450미터이다. 터널의 평균 직경은 9미터이며, 단선터널을 병렬로 나란하게 배열하였고 중앙부에는 약 20킬로미터 간격으로 2개의 대피정거장이 있다. 또한 직경이 9미터에 달하고 높이가 800미터인 대피와 환기를 위해 뚫은 연직터널(중력 방향으로 뚫은 터널) 2개가 나란히 있으며 경사지게 파고들어서 본 터널의 중간부에 도달하여 시점과 종점을 향해 터널을 뚫을 수 있도록 계획한 경사진 터널(경사터널)도 별도로 3개나 있다. 공사는 5구간으로 나누어서 시행하였으며 2016년 12월부터 사용하였다.

그림29 터널 천장에 매달려 있는 환기팬 모습

자동차가 달리는 터널(도로터널)

도로는 철도보다 구석구석 더 많은 곳들을 찾아갈 수 있다는 점에서 더 편리하다. 더욱이 자동차, 버스나 트럭 등 도로를 달리는 교통수단은 개인이 쉽게 소유할 수 있어 철도가 채워줄 수 없는 편리함을 더 해준다. 주목할 만한 도로터널로는 알프스산맥을 통과하는 오스트리아 아를베르크Arlberg 터널(13.976킬로미터, 1978년 완공)과 스위스의 고트하르트 터널(16.9킬로미터, 1980년 완공. 앞서 나온 고트하르트 베이스 철도터널과 구별된다) 등이 있으며 이 터널들을 완공함으로써 길이가 10킬로미터가 넘는 도로터널의 시대가 열렸다. 도로터널은 대부분 철도터널에 비해 폭이 넓고 높이도 높은 편이다. 도로터널은 자동차가 내뿜는 매연이 많고 기차보다 사고 발생빈도도 높은 점을 고려해야 한다.

도로터널은 대부분 2차로 이상이고 4차로인 경우도 있다. 중앙분리대에 기둥이나 벽체를 세워 양방향을 합하면 6차로를 넘는 2아치터

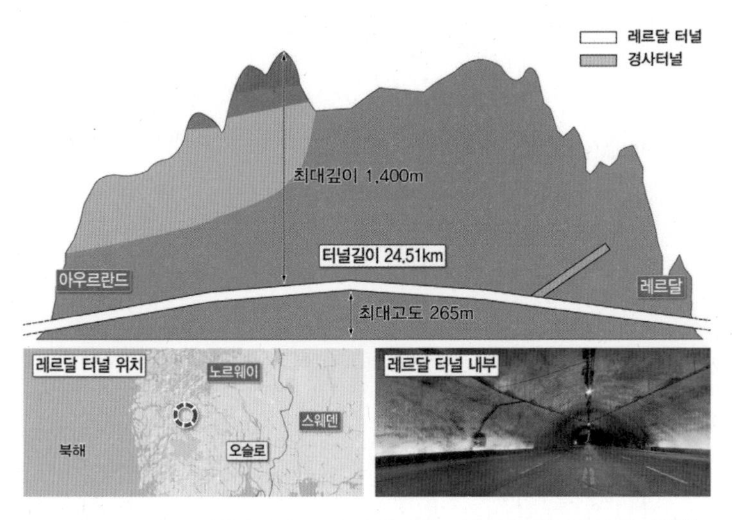

그림30 레르달 터널(최대 깊이 1,400미터, 길이 24.51킬로미터, 노르웨이)[31 32]

널도 있다. 터널은 도로면 좌우 벽을 거슬러 올라가 천장에 이르기까지 아치 형상을 하고 있다. 이런 아치 형상으로 만드는 것에는 터널 주변에 있는 원래의 암반이나 흙이 터널 내부로 쏟아지려고 하는 무게를 떠받칠 수 있도록 하기 위한 공학적인 의도가 담겨 있다. 동시에 차량이 다니는 위의 빈 공간을 이용하여 터널 내부의 공기를 외부 공기와 소통시키고 화재가 발생할 경우에 연기를 터널 밖으로 빼낸다. 터널의 천장에 드문드문 매달려 있는 원통형의 팬들이 이 일을 돕는다.

도로터널에는 우측에 일정한 간격으로 차를 세울 수 있는 비상주차대, 전화기, 소화기, 출구방향표시 등이 있어 사고 발생 시 화재를 진압하고 터널 내부에 있는 사람들이 안전하게 대피할 수 있도록 한다. 2개의 터널을 나란하게 뚫은 경우에는 좌우 두 터널을 연결하는 가로 방향 터널을 일정한 간격으로 뚫어 사고나 화재 시 반대편 터널로 대피할 수 있도록 한다. 이러한 시설들의 설치 간격이나 규모는 나라마다 조금씩 다르다.

길이가 수 킬로미터에 달하는 긴 터널인 경우에는 내부에 정체해 있는 오염된 공기를 밖으로 빼내고 신선한 공기를 터널 내부로 들여오는 일이 매우 중요하다. 이를 위한 설비를 환기 설비라고 한다. 짧은 터널인 경우는 공기 순환이 자연적으로 이루어지지만 긴 터널에서는 기계를 이용해 강제로 바람을 보내고 빼내는 방법으로 공기를 순환시킨다. 화재 시에는 발생한 연기를 터널 밖으로 신속하게 빼내는 역할을 한다. 길이가 긴 터널에는 환기용 연직터널이나 경사진 터널이 있으며 연직터널의 깊이가 수백 미터에 이르는 터널도 있다.

그림31 터널 연결부를 땅속에서 확장하는 개념(야마테 터널)

2015년까지의 통계에 의하면 세계에서 길이가 가장 긴 도로터널은 2000년에 개통된 노르웨이의 레르달Lærdal 터널이다. 이 터널은 양방향 2차로 터널(한 터널 안에 상행, 하행 차로가 각각 하나씩 있는 터널)이며 길이가 24.51킬로미터이다. 2015년에 개통된 양방향 각각 2차로인 일본의 야마테 터널이 18.2킬로미터로서 그 뒤를 잇고 있다.[33] 야마테 터널은 직경이 13미터인 대형 실드기를 사용한 점과 두 실드 터널 사이에 남아 있는 부분을 땅속에서 파내고 두 터널을 서로 연결해 큰 터널 단면으로 확장한 기술이 주목을 받고 있다. 특기할 만한 점은 이렇게 확장한 공간을 이용해 교차도로를 서로 잇는 연결도로(램프)를 만들었다는 점이다.

도시 아래를 달리는 열차터널(지하철터널)

도시의 땅속에 철길을 최초로 놓은 것은 1863년 런던의 패딩턴Paddington과 패링던Farringdon을 연결하는 증기기관 지하철도에서였다. 이 지하철도를 건설하는 데에는 도로를 파고 지하철 구조물을 만든 다음 다시 메워서 도로를 복구한 개착 터널기술cut-and-cover method

을 사용하였다. 전동차를 처음 운행한 지하철은 1890년에 완성된 런던의 킹 윌리엄 가King William St.와 스톡웰Stockwell을 연결하는 5.6킬로미터 구간이다. 이 지하철도는 도로를 파내지 않고 그대로 둔 채 실드기로 도로 밑을 뚫어서 만들었다.

대도시에서 없어서는 안 될 지하철은 런던지하철에서 비롯되어 155년의 짧은 역사를 가지고 있다. 런던지하철이 탄생한 지 111년이 경과한 1974년 서울에서도 지하철을 개통했다. 첫 등장부터 우리나라에 도입하기까지 걸린 시간을 살펴보면 우리나라의 지하철터널은 철도터널이나 도로터널에 비해 매우 일찍 도입된 편이다. 지하철터널은 교외지의 철도터널이나 도로터널에 비해 깊이가 얕아서 무르고 연약한 땅을 만나는 경우가 많고 고층빌딩의 기초시설 또는 전기, 상하수도 시설 등과 같이 이미 설치한 시설물들을 보호하며 뚫어야 하기 때문에 더욱 발전된 기술이 필요하다.

3장

땅속에 공간을 만드는 기술의 도약

땅을 파는 방법의 변화

고대에서부터 산업혁명이 일어난 시기에 이르기까지도 암석처럼 단단한 땅을 파는 일은 시간과 노력을 많이 소요하는 매우 힘든 과제였다. 흑색화약이 발명된 후로 이 작업에 상당한 진전이 있었던 것은 사실이지만 흑색화약은 폭발력이 약할 뿐 아니라 폭발 시 발생하는 유독가스로 인해 작업하는 기술자들을 위험에 빠뜨리는 문제점이 있었다.

1847~1849년경 이탈리아 화학자 아스카니오 소브레로Ascanio Sobrero가 폭발성이 큰 니트로글리세린을 발명하였다. 그가 발명해낸 초기의 니트로글리세린은 열이나 압력을 가하면 쉽게 폭발했기 때문에 취급이 까다롭고 매우 위험해 소브레로 자신마저도 사용을 반대했다. 그러나 이런 불안정한 상태도 이를 개량하고자 하는 알프레드 노벨의 집념까지는 꺾지 못했다. 노벨은 수많은 시행착오 끝에 마침내 안전하게 생산하고 사용할 수 있는 다이너마이트를 발명하는 데 성공했다. 제

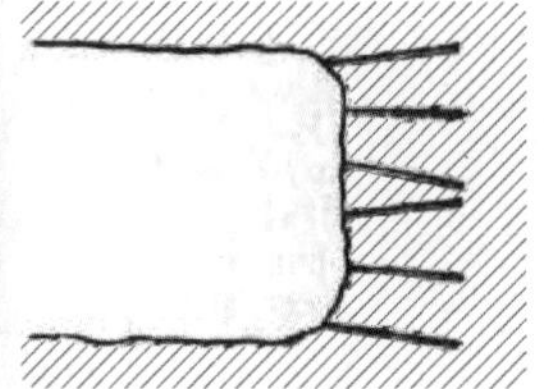
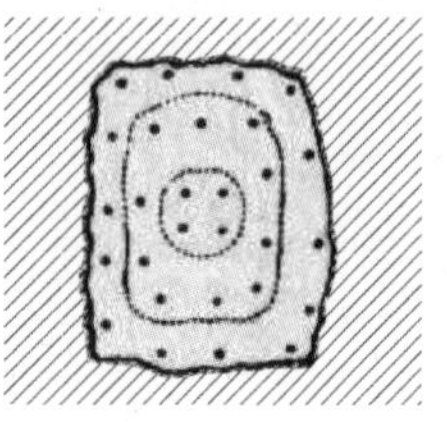

그림32 발파현장 사진과 터널의 발파공 모습[01]

1차 산업혁명을 거의 마무리해가는 무렵인 1867년의 일이었다. 그 후 이것을 터널을 뚫는 데 사용하기 시작했고, 터널기술은 놀라운 속도로 발전할 수 있었다.

발파는 화약이 폭발할 때 발생하는 높은 온도와 압력에너지를 활용하여 암반을 파쇄하는 기술이다. 이 기술의 핵심은 주변 암반에 거의 손상을 주지 않고, 전파되는 진동이 허용치를 넘지 않도록 하며 화약의 폭발력으로 파고자 하는 부분만을 한꺼번에 파내는 것이다. 특히 시설물과 가까운 위치에서 발파를 해야 할 경우에는 시설물에 손상을 주지 않는 높은 수준의 발파기술이 필요하다. 화약을 장전할 구멍을 뚫는 기계(착암기), 화약의 성능, 기폭장치(뇌관detonator) 등의 개량에 힘입어 발파기술도 크게 발전해왔으며 지금까지도 매우 유용하게 사용하고 있는 기술이다.

암반을 파쇄하는 발파기술에서 가장 중요하다고 할 수 있는 것은 '화약 장전용 홀을 뚫는 기술'이다. 이 홀을 '발파공shot hole'이라고 한다. 그레이엄 웨스트Graham West의 조사에 의하면[02] 1850년대 이전에는 사람의 힘으로 발파공을 뚫었다고 한다. 한쪽 끝을 끌처럼 뾰쪽하게 다듬은 막대 모양의 드릴 비트drill bit와 해머를 사용하였는데, 한 사람이 뚫는 경우도 있었지만 보통 세 사람이 한 조를 이루어 한 사람은 드릴 비트를 붙들고 나머지 두 사람이 드릴 비트의 다른 한쪽의 평평한 부분을 해머로 번갈아 때리며 발파공을 뚫었다. 해머로 드릴 비트를 때릴 때 다른 쪽 끝단의 뾰쪽한 부분으로 집중되는 힘을 이용하여 암반을 쪼개는 원리를 사용한 것인데, 드릴 비트를 붙들고 있는 사람은 다른 사람이 해머를 치고 나면 동시에 드릴 비트를 조금씩 회전시켰다. 따라서 드릴 비트의 뾰쪽한 부분의 경도와 해머로 가하는 힘과 타격 횟수 그리고 드릴 비트의 회전 속도가 발파공을 뚫는 기술의 중요한 요소가 되었다.

아래 그림에는 세 사람이 한 조를 이루어 수평 방향과 연직 방향으로 발파공을 뚫고 있는 모습이 그려져 있다. 그림 우측에 그려진 앞부분에는 이미 뚫어놓은 발파공이 5개 있는데 이들 중에서 위쪽 방향으로 경사지게 발파공을 뚫는 작업이 가장 힘들었을 것임을 쉽게 짐작해볼 수 있다.

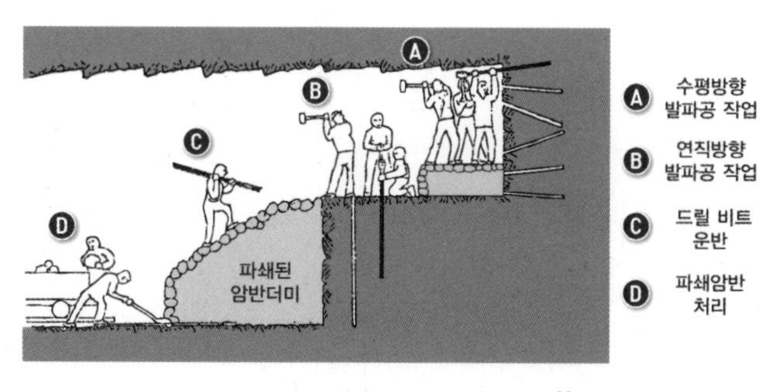

그림33 발파공을 뚫고 있는 모습[03]

발파공을 뚫는 과정에서 부딪힌 문제 중의 하나는 드릴 비트의 뾰쪽한 부분이 쉽게 무뎌지고 닳아 없어지는 것이었다. 따라서 무뎌진 드릴 비트의 날을 다듬어 다시 뾰쪽하게 만드는 작업 역시 중요한 작업이 되었다. 이 작업은 주로 터널 입구에 설치된 대장간에서 수행되었다. 당시 암반 지역에 뚫은 도로, 철도와 운하 등의 각종 터널의 발파작업이 이러한 과정을 거쳤으니, 발파공을 뚫는 데 많은 시간이 걸리는 것이 늘 성가신 문제였다. 이렇게 무뎌진 드릴 비트를 다듬는 일로 인해 터널을 뚫는 속도에 지장을 받게 되자 무뎌지지 않고 오랫동안 사용할 수 있는 드릴 비트에 대한 필요가 점점 커졌다.

1850년대를 지나면서 발파공을 뚫는 방법에 두 가지 두드러진 혁신이 일어났다. 하나는 압축공기를 이용하여 드릴 비트를 타격하고 회전시키는 기술이고, 다른 하나는 드릴 비트 끝에 잘 무뎌지지 않는 텅스텐 카바이드를 장착한 기술이었다.

전자, 즉 압축공기를 이용한 기술은 압축된 공기압을 피스톤이 받아서 드릴 비트를 타격하고 타격이 끝나면 드릴 비트를 조금씩 회전시키는 기술이다. 이런 방법으로 암반을 뚫는 기계를 '압축공기 착암기The compressed air rock drilling machine'라 부른다.

착암기의 미비점들을 개선하고자 하는 노력들은 여럿 있었다. 압축공기 대신 증기를 이용한 방법도 그중 하나였는데, 증기보일러를 비좁은 터널 내부에 두기가 어려웠고 터널 밖에 둘 경우에는 증기의 효과가 떨어지는 문제가 있었다. 또한 착암기에서 방출되는 증기가 터널 안의 작업을 방해했기 때문에 터널용으로는 부적합하였다. 반면 압축공기 착암기는 공기압의 손실은 적었지만 파이프가 터질 경우 매우 위험하였기 때문에 압력을 증가시키는 데 한계가 있었다. 이런 한계에도 불구하고, 증기기관 피스톤의 움직임에서 아이디어를 얻어 발명된 압축공기 착암기는 발파공을 뚫는 시간을 짧게 줄여주어 터널기술을 발전시키는 데 한몫을 톡톡히 했다. 그만큼 드릴 비트도 빨리 닳고 무뎌지게 해 주어진 시간에 드릴 비트의 날을 세우는 작업 횟수도 늘어나게 했지만 말이다.

최초의 압축공기 착암기는 1844년에 브런턴C. Brunton이 고안한 것으로 5.4킬로그램의 해머를 분당 200번 타격할 수 있었다. 하지만 애석하게도 브런턴의 압축공기 착암기는 미흡한 점이 많아 실용화되지 못했다.

암반을 뚫는 기계에 대한 연구는 미국에서 조금 일찍 시작하였지만 유럽도 거의 비슷한 시기에 시작하였다. 1848년 미국의 카우치J. J. Couch는 증기의 힘으로 창 모양의 쐐기를 발사하여 암반을 뚫는 기계를 최초로 발명하였지만 실용적이지 않았다. 그의 조수였던 조지프 파울Joseph W. Fowle이 카우치의 발명에 자신의 새로운 아이디어를 추가하여 훨씬 성능이 우수한 착암기를 발명하여 1851년에 특허를 얻었다. 이것으로 파울은 미국 착암기의 선구자가 되었지만 그의 특허는 찰스 버얼리Charles Burleigh에 의해 상용화하기까지 빛을 보지 못했다. 당시 몽스니 터널을 담당했던 이탈리아와 프랑스의 기술자들이 이 기술을 살펴보기 위해 미국을 방문하기도 하였다.

파울이 특허를 낸 후 3년이 지난 1854년 영국에서는 토머스 바틀릿Thomas Bartlett이 증기로 작동하는 작은 규모의 이동식 착암기를 발명하였고 1856년에는 이것을 다시 압축공기를 사용하는 착암기로 발전시켰다. 하지만 이 착암기는 작업 과정이 복잡할 뿐 아니라 수동으로 조정해야 하는 단점을 가지고 있었다. 프랑스 기술자 제르맹 소메이예Germain Sommeiller는 바틀릿 착암기의 약점을 보완하여 자동식 압축공기 착암기로 발전시켜 1861년에 몽스니 터널에 사용하여 성공을 거두었다. 소메이예의 압축공기 착암기가 이룬 또 다른 기술 혁신은 드릴 비트가 발파공을 뚫을 때 발파공 끝에서 발생하는 암석 가루를 물로 씻어내는 기능과 무뎌진 드릴 비트를 쉽게 교체할 수 있는 장치를 갖추었다는 점이다. 이런 유럽의 성공 사례들을 미국에서 그냥 지켜보고만 있지는 않았다.

미국은 찰스 스토러 스토로Charles Storer Storrow를 몽스니 터널로 보내 소메이예 압축공기 착암기를 살펴보도록 했다. 그 결과로 탄생한 것이 '버얼리 착암기'이다. 이 착암기는 파울의 착암기를 개량한 것으로서 소메이예의 착암기보다 우수한 성능을 갖추었고 1866년에 후색 터널에 사용하여 성공을 거두었다. 유럽과 미국이라는 서로 다른 대륙에서 비슷한 시기에 공통적인 문제를 해결하고자 압축공기 착암기를 발명한 것이다. 양 대륙의 기술자들이 상대방 기술을 서로 참조하였기 때문에 완벽한 독자적 발명이라 하기는 어렵지만, '버얼리 착암기'와 '소메이예 착암기'는 각각 미국과 유럽을 대표하는 초기의 압축공기 착암기라 할 수 있다.

1960년대 후반에 이르러 압축공기 착암기는 성능 면에서 한계를 맞이했다. 더 큰 압력을 가할 수 있고, 압력으로 인해 파열되더라도 위

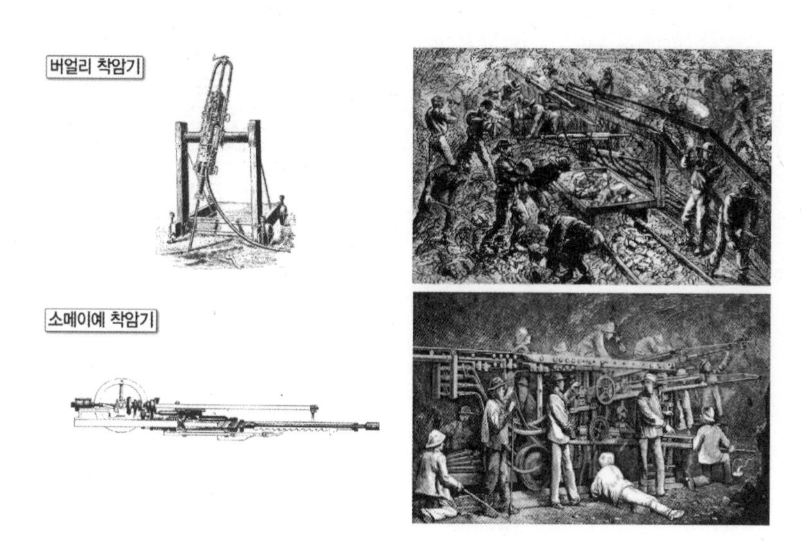

그림34 버얼리 착암기와 소메이예 착암기[04]

험하지 않은 착암기가 필요했는데 압축공기로는 그런 기능을 갖는 착암기를 만들 수 없었다. 그리하여 1970년대 초반부터 힘을 전달하는 매개체로서 물이나 기름과 같이 압축이 되지 않는(비압축성) 유체를 사용하는 착암기의 개발을 시작하였다. 이것이 유압식 착암기hydraulic rock drilling machine의 시작이다. 오늘날 널리 사용하고 있는 '회전식 유압식 타격 착암기'는 1969년 프랑스의 몽타베르Montabert사가 발명하였다. 1974년 즈음부터 유럽과 미국의 민간 기업들에 의해 성능이 우수한 착암기들을 생산하기 시작했다. 불과 45여 년 전에 시작된 일이다.

이렇게 착암기의 성능이 좋아지게 되자 발파공을 뚫는 속도는 전통적인 방법보다 훨씬 빨라졌다. 대신 무뎌진 드릴 비트를 다듬는 작업은 상대적으로 많아졌다. 따라서 쉽게 무뎌지지 않고 오래 사용할 수 있는 좋은 드릴 비트도 절실하게 필요해졌다. 이런 열망은 1945년 텅스텐 카바이드tungsten carbide를 장착한 드릴 비트를 발명하고서야 비로소 이루어졌다. 텅스텐은 스웨덴어로 '무거운 돌'이라는 뜻이다. 이 말처럼 텅스텐과 탄소 원자로 이루어진 텅스텐 카바이드는 강철보다 2배 정도 강하고, 비중도 15.7로 강철의 2배에 이른다. 그렇다면 텅스텐 카바이드는 어떻게 탄생하였을까?

텅스텐 카바이드 탄생의 일등 공신이라 할 수 있는 것은 프랑스의 화학자 페르디낭 프레데리크 앙리 무아상Ferdinand Frédéric Henri Moissan이 1892년에 발명한 전기화로electric furnace이다. 전기 아크electric arc의 열을 이용한 무아상의 전기화로는 섭씨 3,500도까지 가열할 수 있었다. 실험실에서 섭씨 1,600도 이상으로 가열하는 실험이 불가능했던 당시의 수준을 끌어올려 더 높은 온도에서 물질의 반응을 실험할 수 있는 길을 열어준 매우 혁신적인 발명이었다. 이 전기화로는 주로 금속의 합성탄화물을 만드는 데 사용되었다. 이후 1898년, 윌리엄스P. Williams가 이 전기화로를 이용하여 산화텅스텐, 탄소, 철의 화합물에서 다이아몬

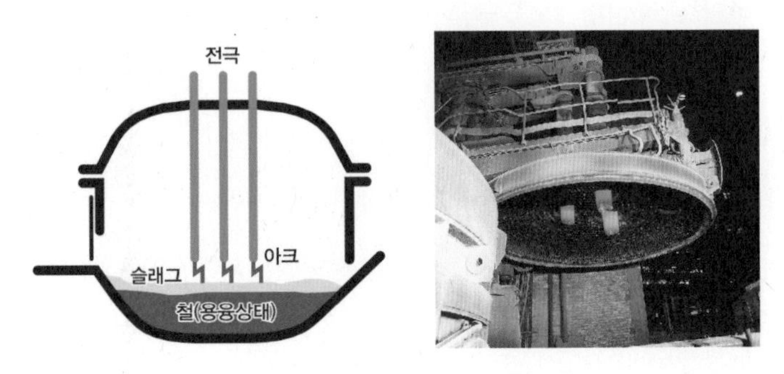

그림35 전기아크화로의 모습 [0506]

드 다음으로 강한, 모스 경도가 9인 회색 분말의 텅스텐 카바이드를 추출해내는 데 성공하였다. 그러나 이 텅스텐 카바이드는 쉽게 부서지는 성질(취성brittleness)이 있어서 산업용으로 사용하기 위해서는 다른 물질과 섞어서 가열하여 융합하는 '소결sintering'이라는 별도의 과정을 거쳐야 했다. 경도가 커도 취성에 약하면 쉽게 부서지기 때문이다.

텅스텐 카바이드 분말에 철, 니켈, 코발트를 섞어 몰드에 넣고 다져 원하는 모양으로 만든 다음 열을 가하여 융합하면 깨지지 않고 질기면서도 매우 단단한 새로운 물질이 만들어지는데 이것을 '소결된 텅스텐 카바이드sintered tungsten carbide'라 부른다. 그토록 바라던 내구성이 좋은 드릴 비트를 만들 수 있게 된 것이었다. 그러나 텅스텐 카바이드를 성질이 서로 다른 강철 드릴의 끝에 장착하는 일 역시 생각처럼 쉬운 일이 아니었다. 결국 1945년에 이르러서야 비로소 강철 드릴에 소결된 텅스텐 카바이드 날을 장착한 드릴 비트를 스웨덴에서 개발할 수 있었다. 텅스텐 카바이드 드릴을 이용하여 암반을 뚫는 기술을 '스웨덴법Swedish method'이라고 불렀으며 그 후 이 기술은 유럽 전역으로 빠르게 퍼져나갔다.

그림36에서 텅스텐 카바이드를 장착한 당시의 드릴 비트와 현대의 드릴 비트의 생김새를 엿볼 수 있다. 암반에 발파공을 뚫는 기술의 속도를 나타낸 그림에도 몇 가지 흥미로운 점들이 숨어 있다. 1940년대까지는 시간당 약 5미터 정도 뚫는 것에 불과했으나, 텅스텐 카바이드 드릴 비트를 사용하게 되면서 속도가 급속히 증가하여 스웨덴법을 본격적으로 적용할 무렵인 1960년대에는 시간당 40미터까지 뚫을 수 있었다.

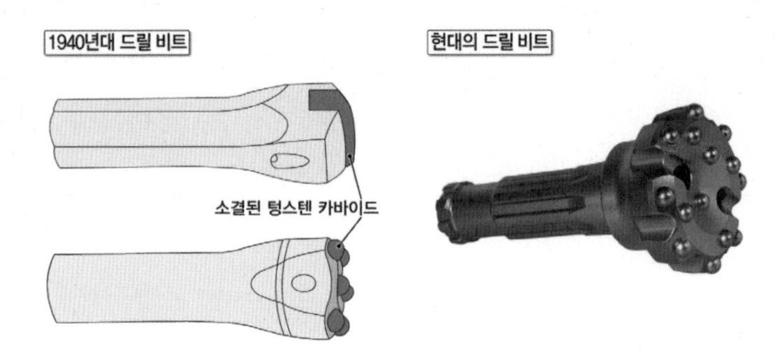

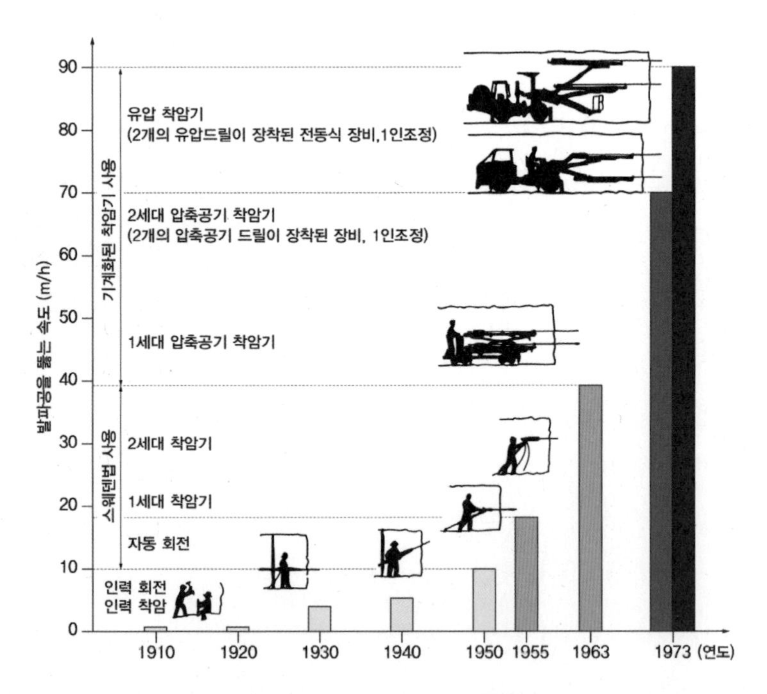

그림36 드릴 비트와 발파공 뚫기 속도 비교[07]

이 기간에 개발된 압축공기 착암기의 도움이 컸음은 물론이다. 이렇게 기술과 장비의 발전에 힘입어 발파공을 뚫는 속도는 계속 증가했고, 유압식 착암기가 등장한 1970년대에 이르러서는 시간당 무려 90미터까지 뚫을 수 있게 되었다.

터널을 지지하는 부재의 변화

무른 땅에 터널을 팠을 경우에는 파낸 후 바로 지지부재로 받쳐주어야 하지만 암반과 같이 단단한 땅은 그렇게 하지 않아도 무너지지 않는다는 원리는 이제 익숙해졌을 것이다. 그러나 터널을 파낸 후 필요한 조치를 취하지 않고 오랫동안 그대로 둘 경우에는 단단한 땅이라 할지라도 풍화되어 부서져 떨어지고 결국에는 무너질 수 있다. 일반적으로 모든 터널은 지지부재를 설치하여 터널이 무너지는 것을 방지하고 동시에 이용자들도 안전하게 보호한다.

이 지지부재에 커다란 변화가 있어왔다. 종래 목재로 받쳐가며 여러 부분으로 나누어서 파고, 파낸 부분이 이어져 전체 크기로 확장되면 맨 바깥쪽에 벽돌이나 돌을 쌓는 방법으로 마감해왔다. 앞서 살펴본 템스강 터널의 최종 지지 형식이 그 예이다. 이같이 투박하고 무거웠던 지지부재를 강하고 날렵한 철골steel beam과 콘크리트로 대체하면서 이전보다 더 안전해지고 설치 속도가 빨라졌고, 1960년대 초부터는 '뿜어붙임 콘크리트sprayed concrete(숏크리트shotcrete)'를 터널의 지보재로 활발

그림37 숏크리트를 시공하는 장면

하게 사용하기 시작하면서 기술에 큰 변화가 생겼다.

일반적으로 모래, 자갈, 시멘트, 물을 일정한 비율로 배합하여 함께 섞은 혼합체를 콘크리트라고 한다. 배합을 마친 직후의 콘크리트는 반죽과 같아서 쉽게 모양을 바꿀 수 있지만 시간이 흐르면서 물과 시멘트가 화학 반응을 일으키면 유동성을 잃고 점점 단단해지다가 어느 시기가 되면 단단해지는 것을 멈추고 그 상태를 오랫동안 유지한다. 배합을 마친 콘크리트는 굳기 전에 미리 만들어놓은 틀(거푸집)에 부어서 원하는 모양이 되게 한다. 선사 시대의 유적에서 콘크리트와 유사한 원리로 만들어진 물질을 발견하였다는 보고가 있을 뿐 아니라 화산재 또는 석회 등을 자갈과 혼합하여 벽이나 바닥을 만들었던 고대의 이집트, 그리스, 로마 시대의 유적을 보면 콘크리트의 기원은 무척 오래된 것으로 보인다.[08]

1824년 영국의 조지프 애스프딘Joseph Aspdin의 특허로 등장한 포틀랜드 시멘트를 사용하면서 콘크리트의 품질은 크게 향상되었다.[09] 콘크리트는 누르는 힘에는 잘 견디지만 당기는 힘에는 약했는데, 19세기 중엽부터는 당기는 힘에도 견딜 수 있도록 철심을 넣은 철근콘크리트가 사용되기 시작하였다.

숏크리트는 일반 콘크리트와 달리 배합된 콘크리트를 틀에 붓지 않고 압축공기로 뿜어서 흙이나 암반에 붙임으로써 땅과 일체가 되도록 하는 콘크리트이다. 뿜어내는 호스의 끝단에서 물을 첨가하는 건식과 일반 콘크리트처럼 물을 미리 첨가하여 섞은 후 뿜어 붙이는 습식으로 나뉜다. 숏크리트의 빼놓을 수 없는 특징 중의 하나는 뿜어 붙인 후 단단해지는 속도가 빨라서, 즉 강도의 증가가 빨라서, 하루가 경과했을 때 일반 콘크리트의 2.5배 정도로 단단해진다는 것이다. 이를 위해 보통 반응 속도를 증가시키는 화학 약품(급결제)을 첨가하여 함께 섞는다.

1907년, 환경보호운동가이며 박제사이자 조각가였던 칼 이선 에이클리Carl Ethan Akeley가 최초로 압축공기를 이용하여 회반죽을 뿜어 벽에 붙이는 것을 성공했다.[10] 에이클리는 석회 반죽을 필드 컬럼비안 박

그림38 칼 이선 에이클리의 숏크리트 기계와 현대의 숏크리트 기계

물관Field Columbian Museum(지금은 필드 자연사 박물관Field Museum of Natural History이라 불린다) 외벽에 뿜어 붙여 6.4밀리미터 두께로 도포하는 데 성공했다. 이 반죽은 압축공기로 마른 석회dry plaster를 뿜어낼 때 이 호스 끝에서 다른 호스로 공급된 압력수와 섞이게 하여 석회, 물, 압축공기를 혼합하여 뿜어져 나오는 과정을 거쳤다.

이 초보 단계의 기계는 원통 2개를 상하로 배열하여 압축공기를 번갈아 보낼 수 있도록 했다. 숏크리트 기계shotcrete machine는 이후 지속적으로 개량되어 콘크리트를 다양하게 배합하는 것이 가능해지고 더 효율적으로 뿜어 붙일 수 있는 오늘의 모습으로 발전하였다.

터널 단면을 한 번에 뚫는 기계의 등장

실드는 개펄처럼 무른 땅에 터널을 뚫는 기계로서, 앞에서 땅을 파는 면판과 몸통 쪽 땅이 터널 내부로 들어오지 못하도록 막아주는 철제 원통을 전진시키면서 원통이 빠져나간 뒤쪽 빈자리에 지지부재를 설치할 수 있는 장치를 갖추고 있다. 실드의 효시인 브루넬 실드는 실제 만들어야 할 터널보다 훨씬 큰 사각형 모양이었으며 무게도 무거운 데다 모든 과정을 사람의 힘으로 진행해야 했음에도 그 당시에는 매우 독창적인 터널기술이었다. 그 후 브루넬 실드의 아이디어에서 더 나아가 성능이 개선된 실드들이 개발되기 시작했다.

1864년 피터 윌리엄 발로Peter William Barlow는 원통 모양의 실드를 발명하였다. 발로의 실드는 실드기술이 발전해나가는 데 매우 중요한 이정표였다. 발로는[11] 제임스 헨리 그레이트헤드James Henry Greathead와 힘을 합하여 자신이 개발한 기존의 실드를 개량하여 직경이 2.21미터인 '발로-그레이트헤드 실드'를 발명하였다. 이 실드는 1869년 2월에 시공을 시작한 타워 서브웨이Tower Subway 터널을 뚫을 때 처음 사용되었다. 이 터널은 길이가 410미터로 시작한 지 10개월 만에 완성하였으며 템스강 하부에 놓인 두 번째 터널이라는 의의를 지닌다. 이렇게 빠르게 완성할 수 있었던 이유는 터널 크기가 템스강 터널의 20분의 1 정도로 작고 사고가 발생하지 않았던 점도 있지만 무엇보다도 지지부재를 벽돌 대신 주철 세그먼트cast iron segment를 써서 조립하였고 실드를 전진시킬 때 스크루 잭screw jack을 사용하는 혁신이 있었기 때문이었다.

타워 서브웨이 터널을 완성한 초기에는 케이블로 12인승 나무 객차가 폭 762밀리미터 레일 위를 왕복하도록 끄는 일종의 케이블카 형식의 지하철이었지만 타산이 맞지 않아 유료 보도로 전환하였다가 지금은

그림39 브루넬 실드와 타워 서브웨이 실드의 지보재 비교

수로터널로 사용하고 있다.

그레이트헤드는 1884년에 모래와 자갈로 된 땅을 팔 때 솟아 나오는 물의 압력의 반대 방향으로 수압을 작용시키는 수압식 실드hydraulic shield로 특허를 받았지만 실제로 제작하지는 않았다.[12]

이후 그레이트헤드는 또 다른 기술혁신을 이룬 '그레이트헤드 실드'를 발명했다. 이 실드에는 기술 혁신이 두 가지 있었다. 하나는 실드의 앞면을 밀폐된 공간으로 만들고 여기에 압축공기를 불어 넣어 압력을 가함으로써 터널 내부로 들어오는 물과 흙을 밖으로 밀어내며 억제시키는 혁신이었고, 다른 하나는 스크루 잭 대신 유압 잭hydraulic jack을 사용한 혁신이었다. 이 그레이트헤드 실드는 1890년에 완성되어 세계 최초의 전기지하철이 된 런던-서더크London-Southwark 지하철 공사에서도 사용되었다.

터널의 맨 앞에 압축공기를 불어 넣어 밀려드는 물과 흙을 저지시키는 원리를 사용한 최초의 실드는 1899년에 제작하여 베를린에 있는

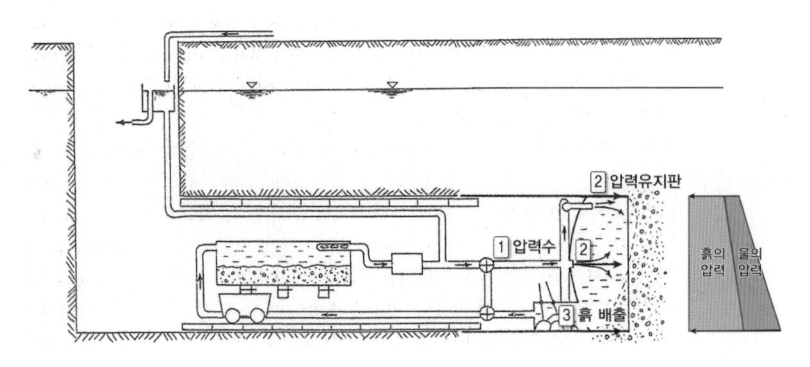

그림40 그레이트헤드의 수압식 실드의 개념[13]

슈프레Spree강 터널에서 사용하였다. 이 터널은 지름이 3.96미터이고 길이가 439미터였다. 압축공기는 물이나 흙을 억제하는 데 효과가 있었지만 이를 균등하게 유지시키는 것이 어려웠고 그 속에서 일하는 작업자들이 청력을 잃거나 잠함병caisson disease에 시달리는 등의 부작용도 낳았다. 후일 이런 약점들을 극복하고 보완하는 과정을 거치며 그레이트헤드가 창안한 원리는 현대식 기계화 터널기술mechanized tunneling의 기본 원리가 되었다. 이때까지만 해도 회전식 실드는 등장하지 않았다.

브루넬과 그레이트헤드가 고안한 실드는 터널기술의 새로운 장을 열었지만 암석같이 단단한 땅에는 적용할 수 없었다. 그래서 19세기 중엽부터는 기계장비를 이용하여 암반을 파쇄하거나 터널을 한꺼번에 뚫으려는 시도가 생겨났다. 1848년 헨리 조지프 마우스Henry Joseph Maus나 1853년의 찰스 윌슨Charles Wilson 등이 이런 시도를 시작하였으나,[14] 이들이 제안한 기술은 실제 시험 후 곧바로 폐기되어버리는 불운을 겪었다.

발파를 하지 않고 실제로 암반을 뚫은 최초의 기계는 1875년의 프레더릭 보몬트Frederick Beaumont의 특허 기술을 1880년에 토머스 잉글리시Thomas English가 발전시켜 만든 '보몬트-잉글리시 암반굴착기Beaumont-English TBM, Tunnel Boring Machine'이다. 암반을 굴착하는 끌chisel을 여러 개 붙인 육중한 막대 모양의 철제를 회전시키며 암반에 밀어붙여 땅을 깎아내는 방법이 사용되었다. 이 암반굴착기는 1881년부터 1883년까지 약 2년 동안, 도버 해협 밑에 지름이 2.1미터이고 길이가 무려 2.5킬로미터에 달하는 터널을 뚫는 데 성공한 실적을 가지고

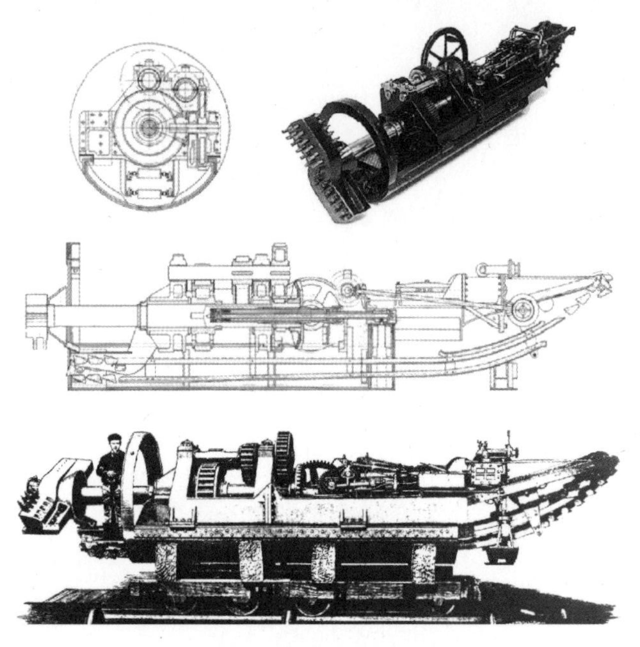

그림41 버몬트-잉글리시 TBM[15]

있다. 땅이 비교적 무른 백악(횟돌chalk)으로 이루어져 있어서 가능했을 것이라는 평가를 받고 있지만 어찌되었든 보몬트-잉글리시 암반굴착기는 기계로 암반을 뚫는 새로운 터널기술(TBM기술) 역사의 첫 페이지를 장식하였다.

거의 같은 시기인 1881년에 오늘날 디스크 커터의 원조 격인 회전식 디스크 커터를 브런턴과 트리어Trier가 개발하였다는 사실도 기억해 둘 만하다. 영국의 존 프라이스John Price는 1901년에 보몬트-잉글리시 암반굴착기를 한 단계 더 발전시켰다. 프라이스의 암반굴착기는 런던 중앙 철도Central London Railway에 투입되어 성공을 거둠으로써 현대식

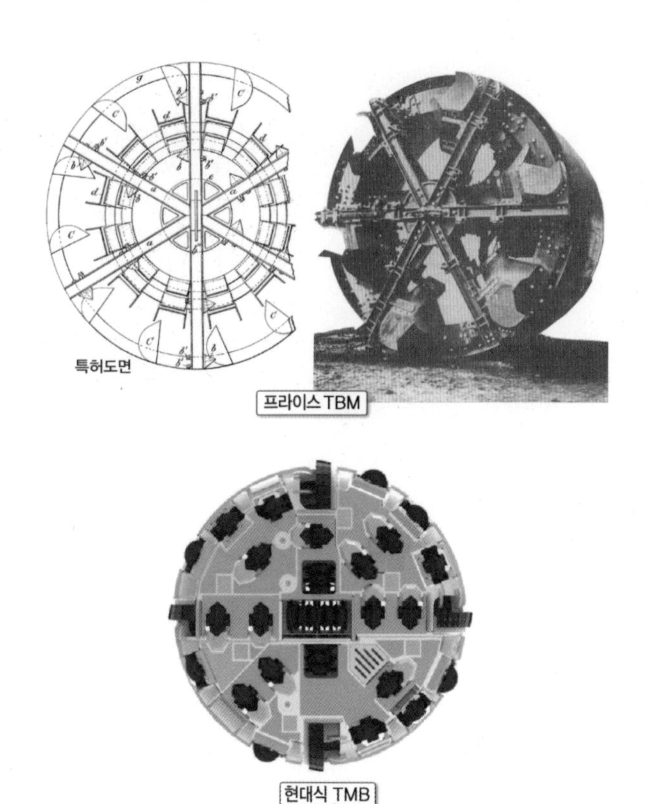

그림42 프라이스 TBM과 현대식 TBM의 비교

암반굴착기의 만형이 되었다.

땅속은 성질이 같거나 비슷한 땅끼리 모여 있는 경우도 있지만 군기가 매우 무른 땅과 매우 단단한 땅이 섞여 있는 경우도 많다. 이렇게 성질이 다른 땅이 뒤죽박죽 엉켜 있는 곳에 터널을 뚫을 때는 실드의 기능도 필요하고 암반굴착기의 기능도 필요하다. 이 두 기능을 동시에 발휘할 수 있도록 고안한 암반굴착기를 TBM 실드 또는 실드 TBM이라

그림43 실드 TBM의 생김새

고 부른다.

19세기 후반에 등장한 회전식 암반굴착기는 인력 중심의 터널기술을 기계 중심의 터널기술로 바꾸었다. 20세기 초반부터 부품의 성능이 지속적으로 개선되어왔으며, 땅의 변화에 잘 대응할 수 있는 암반굴착기들도 꾸준히 등장하고 있다.

4장

우리나라 터널기술의 태동과 발전

우리나라 터널기술의 시작

우리나라 터널의 역사는 광물을 캐기 위해 뚫은 통로(채광갱도)에서부터 시작한다. 시대로 따지면 삼한 시대와 삼국 시대까지 거슬러 올라간다고 하며, 조선 시대에 작성한 채광 기록이 남아 있다고 한다.[01] 우리나라의 터널은 서구의 선진국들의 터널보다 규모가 작고 역사도 짧다.

우리나라에 주목할 만한 터널이 등장한 시기는 철도나 도로와 같은 교통시설이 늘어나기 시작한 때부터이다. 최초의 터널은 경부선철도에서 탄생했다. 남대문에서 부산까지 경부선의 전 구간이 완공된 시기는 1908년이지만 1901년부터 1904년까지 완성한 영등포~초량 구간 경부선 철도에서 터널을 많이 뚫었다.[02] 최초의 철도터널은 1904년에 완공된 길이 94미터의 은곡1 터널(청도군 소재)이다.[03]

성현 터널은 길이가 1,203미터에 달해 이들 중에서 길이가 가장 길며, 당시 일본에서도 전례를 찾아볼 수 없을 정도의 난공사 끝에 완

그림44 우리나라 최초의 터널[04]

공한 터널로서 우리나라의 터널기술 역사에 큰 의미를 갖고 있다.[05] 터널의 양쪽 입구에 만든 스위치백(열차가 지그재그로 전진과 후진을 반복하며 높은 곳으로 올라가도록 만든 철도) 공사용 임시철도를 놓는 데 인부 1~2만 명을 투입하여 2개월간 공사를 했다는 기록이 있다. 이때 뚫은 초기 성현 터널은 경부선철도의 성능을 높이기 위해 선로개량 공사를 진행하면서 인근에 새로 뚫은 길이 2,323미터의 후기 성현 터널을 완성하자 33년 동안의 봉사를 끝으로 1937년 폐쇄되었다.[06] 1937년에 완성한 후기 성현 터널을 뚫을 때 전력으로 암을 뚫는 기계(전동식 착암기)를 처음으로 사용하였다. 2000년대에 들어와 초기 성현 터널은 잘 알려진 '청도와인터널'로 다시 태어나 역사의 숨결을 전하고 있다.

이 시기에 만든 철도터널들은 모두 열차선로를 하나만 가지고 있는 단선터널이었으며 내부의 폭과 높이가 각각 3.9미터와 5.5미터 정도였다. 이후 차량이 커지고 운행 속도도 빨라지면서 내부 공간도 커졌으며 상행선로와 하행선로를 동시에 수용하는 복선터널로 확장하였다. 비슷한 시기에 완공된 서울~신의주간 철도에서도 터널을 많이 뚫었을 것으로 추정하지만 아쉽게도 세부 기록을 접할 수 없다.

도로는 철도보다 선형(진행 방향으로 길게 놓인 모양)을 자유롭게 만들 수 있기 때문에 산을 어렵게 뚫어서 도로를 내기보다는 산기슭을 따라 굽이굽이 돌아가며 도로를 낸다. 도로터널이 등장한 시기가 철도터널보다 늦은 것은 도로의 이런 특성 때문이다. 최초의 도로터널은 1926년에 완성된 마래1 터널(폭 4.5미터, 높이 4.7미터, 길이 85미터)과 마래2 터널(폭 4.5미터, 높이 4.5미터, 길이 640미터)이다.[07] 마래2 터널에는 100~110미터 간격으로 차량이 서로 비껴갈 수 있도록 넓힌 공간을 두었다. 같은 해에 군산항을 개항하면서 군산 내항과 시내를 연결하는 131미터의 군산 해망굴도 완공하였다.

통영 해저터널은 우리나라에서 바다 밑이나 강 밑에 뚫은 터널 중 가장 오래된 터널이다. 이 터널은 물막이 둑을 쌓아 바닷물을 막고 물을 퍼내고 땅을 판 다음, 콘크리트를 부어 터널을 만들고 다시 땅을 덮고 물막이 둑을 해체하는 방법으로 만들었다. 터널의 형상은 직사각이며 폭이 5미터, 높이가 3.5미터, 길이는 483미터로 1932년에 완성하였다.

부전강발전소(북한 소재)에는 부전령을 관통하는 27킬로미터의 발전용 수로터널(도수터널)이 있었다.[08] 이 터널은 1925년에 착공하여 1929년에 완공하였는데 공사와 관리를 위해 연직으로 뚫은 터널 14개소와 경사로 뚫은 터널 3개소를 두었다. 연직터널 중 가장 깊은 것은 170미터에 이르고 공사 중에 터널 내부로 침투해 들어오는 지하수를 배수하는데 어려움을 겪었다는 기록이 있다. 이 터널을 우리나라의 초기 장대터널로 추정하지만 국토가 분단되어 안타깝게도 가볼 수 없다.

우리나라 터널기술의 발전과 확산

초기의 터널기술(재래식 터널기술)

터널을 파고 나면 그 가장자리에 있는 땅은 터널 내부로 쏟아지려 한다. 터널을 무너뜨리려 하는 이 힘은 땅이 단단할수록 작고 무를수록 크다. '재래식 터널기술'은 이 힘이 어느 정도인지 땅의 단단함(굳기)을 기준으로 평가한 후 벽돌, 목재, 콘크리트 등으로 터널을 받쳐 무너지지 않도록 하는 기술이다. 이 부재는 밀려오는 힘을 지지하는 역할 그 이상 그 이하도 아니어서 터널의 크기가 클수록 또는 땅이 무를수록 두껍고 튼튼해야 한다. 1900년대 초 우리나라에 터널기술이 도입된 이후 약 80여 년 동안 이 기술을 사용하였다.

암반이 깨져 있거나 풍화되어 토사로 변한 지역에 터널을 뚫을 때에는 주로 통나무로 받쳐가며 조금씩 나눠서 팠다. 터널 진행 방향으로 한꺼번에 길게 파지 않고 위와 아래 또는 왼쪽과 오른쪽을 부분으로 나누어 파면서 크기를 확장하였고 다 파고 나면 튼튼한 지지부재를 설치하여 터널을 완성했다. 대표적인 방법으로는 정설 도갱법top drift method과 저설 도갱법bottom drift method이 있다. 후자가 전자에 비해 파낸 땅을 운반하는 작업을 쉽게 할 수 있을 뿐만 아니라 들어오는 지하수도 용이하게 처리할 수 있다.

단단한 암반을 파내는 초기의 방법은 커다란 쇠망치와 정을 이용

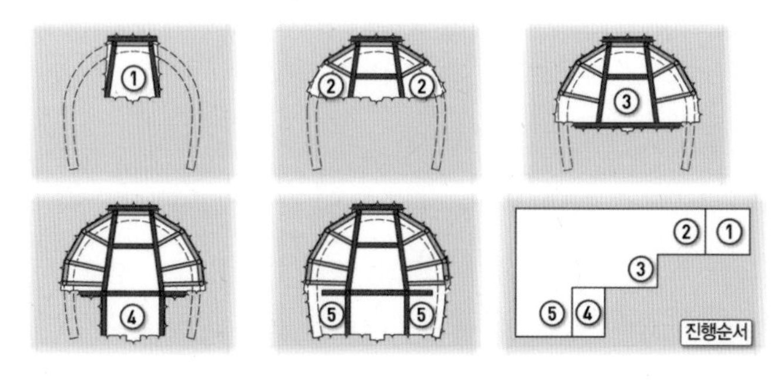

그림45 초기에 사용한 재래식 터널기술(정설 도갱법)[0910]

그림46 재래식 터널기술에서 사용한 정과 전동식 드릴

하는 것이었다. 사람이 직접 암반에 구멍을 뚫고 화약을 장전하여 발파하였으니 인력의 소모가 컸다. 나중에는 전동식 드릴인 착암기를 사용하였다.

일제강점기에 일본인 기술자가 주도하여 뚫은 철도터널은 경부선의 50개소를 비롯하여 전국적으로 14개 철도 노선 195개소가 있었으며 길이를 모두 합하면 7만 5,190미터에 달했다.[11] 70년이 지난 2015년 철도통계연보에 의하면 현재 우리나라의 철도터널의 수는 768개이고 이들의 길이를 모두 합하면 71만 666미터에 이른다.

화약의 도입과정과 활용

암반을 쪼개는 방법으로 화흥법을 사용했다는 기록(1818년)이 있다. 가열한 후 급하게 냉각시켜 암반을 갈라지게 하는 방법이다. 그렇다면 언제부터 화약을 산업용으로 사용하였을까? 시기는 명확하지 않다.

1894년 창원에 보관했던 화약, 다이너마이트, 뇌관 등이 사라졌다는 주한 일본공사관의 기록이 있는 것으로 보아 아마도 이 시기에는 적어도 산업용 화약이 있지 않았을까 추정해볼 수 있다.

우리나라는 1899년 인천의 화약저장고에서 화약을 판매하였다. 직접 제조는 1931년 만주사변 발발 시 군용 화약제조를 허용하면서부터 시작했다. 1937년에는 다이너마이트와 도화선을, 1939년에는 전기뇌관을 생산하였다. 이어 1940년대 초부터 조선유지, 조선화약공판 등 4개의 화약 공장이 운영되며, 광복 때까지 5년 동안 철도와 도로 등 기간산업 분야의 화약 사용량이 대폭 늘어났다.

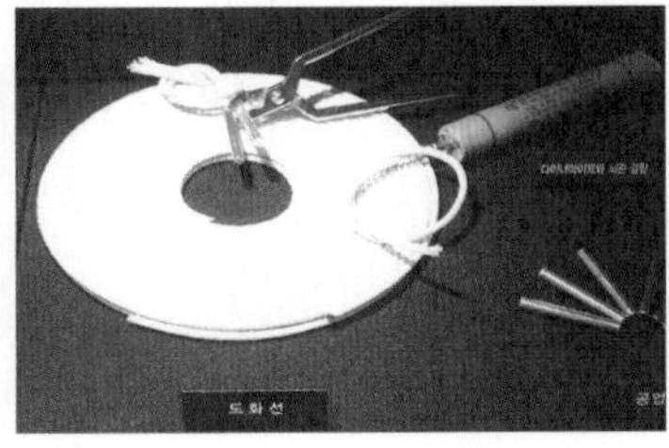

그림47 도화선, 다이나마이트, 뇌관

성능이 좋은 화약이 있다 할지라도 암반을 파쇄하여 필요한 터널 공간을 형성하는 일은 쉬운 일이 아니다. 그렇지만 암반 발파 방법은 발파공 천공장비의 발달과 화약성능의 향상, 발파공의 배치와 방향, 깊이, 발파순서 등의 개선과 함께 괄목할 만한 발전을 이루며 터널기술의 한 축을 담당하였다.

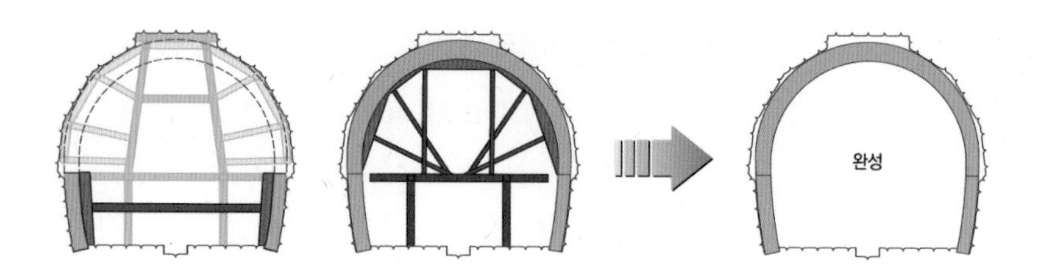

그림48 재래식 터널기술로 터널 라이닝을 설치하는 방법(단단한 땅)

터널을 팔 때 나온 암석이나 흙은 터널 내부에 설치한 운반용 철도(소규모철도) 위를 왕래하는 목재적재함에 담아 터널 밖으로 운반했다. 터널의 길이가 짧은 경우는 지게와 손수레로 운반하였는데 운반 과정을 모두 인력으로 해결했다. 파는 작업이 모두 끝나면 터널이 무너지지 않도록 내부에 최종 지보부재인 터널 라이닝tunnel lining을 설치하였다. 초기의 터널 라이닝은 벽돌을 쌓아 만들었고 1910년대 이후부터는 콘크리트를 사용하였다. 단단한 땅에서는 파는 작업을 모두 끝내고 터널 라이닝을 설치한 반면, 무른 땅에서는 터널 상반부를 먼저 파내고 터널 라이닝까지 모두 끝낸 후에 하반부를 파내고 터널 라이닝을 하부로 이어 마무리하였다. 콘크리트를 부어 굳히는 데에는 목재거푸집을 사용하였다.

광복 이후 터널기술의 발전

1945년 이후 우리나라 기술자들의 기술력으로 가장 먼저 뚫은 터널은 1952년에 완공한 태백선 철도의 입석 터널이다.[12] 이 터널은 길이 405미터의 단선터널로서 입석리역과 쌍룡역 사이, 제천시와 영월군

그림49 초기 유압 드릴과[13] 현대의 점보 드릴

의 경계에 위치하고 있다. 이 터널을 완공한 후 한국전쟁 전후 복구 사업들을 활발하게 진행하면서 불도저, 백호우, 착암기, 덤프트럭 등 중장비들이 도입되었고, 정부가 주도한 경제개발계획에서 도로와 철도 등 사회기반시설을 활발하게 확장하면서 우리나라의 터널기술은 빠르게 발전하였다. 1962년에 이르러 암반에 구멍을 뚫는 장비인 점보 드릴을 처음으로 사용하였다. 이 장비의 도입으로 발파에 소요하는 시간을 크게 단축시켰다. 터널을 파는 방법도 작게 많이 나누는 방식(소규모 분할 방식)에서 크게 작은 수로 나누는 방식(대규모 분할 방식)으로 발전하면서 효율이 좋아지고 속도도 빨라졌다.

1970년대에는 터널의 전체 단면을 한 번에 굴착하는 수준까지 기술이 발전하였다. 이와 함께 목재로 된 지지부재 대신 사용하기 시작한 강재 지보재steel support는 터널기술을 한 단계 끌어올렸다. 강재 지보재는 목재 지보재에 비해 훨씬 튼튼할 뿐만 아니라 터널 모양에 따라 아치 형상처럼 하나로 연결하는 형태로 제작할 수 있었고, 시간이 지나도 목재처럼 썩거나 약해지지 않기 때문에 콘크리트로 터널 라이닝을 만들

때 제거하지 않고 매몰시켜도 지장이 없었다. 무엇보다도 목재를 사용한 경우처럼 조밀하게 받치지 않아도 되기 때문에 터널 내부 공간을 넓게 활용할 수 있어 덤프트럭과 철재거푸집 등 큰 장비를 사용할 수 있게 되었다.

이 시기 재래식 터널기술을 사용한 터널 중 당대의 현대화된 기술들이 모두 동원된 철도터널은 정암터널이다. 이 터널은 1969년 12월에 시작해 1973년 10월에 완성한 4.5킬로미터의 단선터널이다.

입구 쪽 무른 땅은 '저설 선진도갱 링커트 공법', 비교적 단단한 땅은 '저설 선진도갱 반단면 공법'으로 뚫었다. 선진도갱의 하부 폭과 상부 폭은 각각 3.5미터, 3.0미터, 높이는 3.1미터이다. 파낸 버력을 밖으로 내보내고 필요한 자재를 내부로 운반하는 트롤리의 교행운행이 가능하도록 크기를 정한 것이다.

저설 선진도갱 공법은 선진도갱을 터널 중앙 아래 부분에 두는 공법이다. 작은 규모의 터널로 일정 길이만큼 먼저 뚫고 들어가 위쪽으로 터널천장까지 뚫고 올라가면 상부에서 터널의 시점과 종

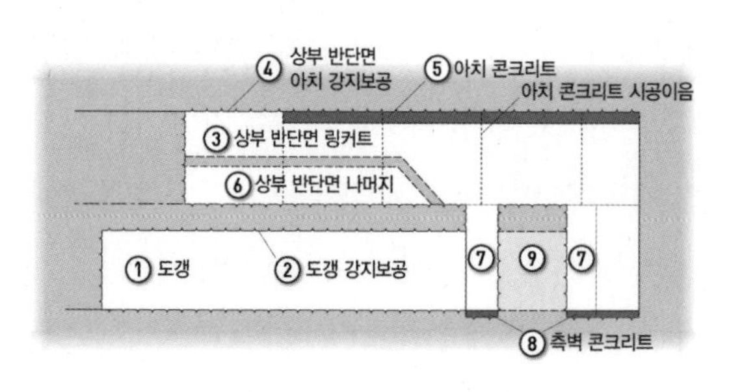

그림50 저설 선진도갱 상부 반단면 링커트 공법

점 방향으로 동시에 굴착할 수 있다. 그림50의 상부 반단면 링커트 공법은 터널 위쪽에 드러난 반단면 터널막장tunnel face이 무너지지 않도록 지지하는 땅support core을 가운데에 남겨둔다. 고리 모양으로 판 후 지보재로 터널을 지지한 후 가운데 지지 부분을 파내는 방법이다. '선진도갱 반단면 공법'은 이와 같은 지지 부분을 별도로 남기지 않는다.

정암터널에서 활용한 다양한 기술들의 조합과 운영방식은 터널기술역사로 기억해둘 만하다. 특히 무거운 폐레일을 냉간 가공하여 강재지보재로 활용한 점은 열악한 조건을 극복하고자 하는 열심의 결과였다. 점보 드릴, 콘크리트믹서, 골재생산 크러셔 등의 장비를 사용하였고 터널 내부 조명과 환기 설비를 비롯한 각종 위생시설도 마련되었다.

나아가 '터널은 단면이 작을수록 안전하고, 땅이 무른 지역에 길이가 긴 터널을 뚫을 경우에는 성능이 향상된 점보 드릴과 H-형강 아치 지보공을 사용하여야 상부 반단면 굴착공법 또는 전단면 굴착이 가능하다'라는 소중한 터널기술 경험도 얻었다. 이 시기만 하여도 H-형강의 국산화는 완성되지 않았다.

정암터널이 성공을 거둔 후 뒤를 이어 우리나라 최초 장대 복선 철도터널인 인등터널이 탄생했다. 이 터널은 충북선 철도의 동량-삼탄 사이 소백산맥의 인등산을 통과하는 터널로서 1975년에 착공하여 1980년에 마친 4.3킬로미터의 터널이다. 강판을 절단하여 현장에서 용접하는 방식으로 H-형강 아치 지보공을 제작한 것과 여러 대의 착암기를 트럭에 고정한 조립식 점보 드릴이 사용된 점이 이채롭다. 강제거푸집과 콘크리트 펌프 등도 사용하며 인력에 의존했던 기존 기술 상당부분

철도터널			도로터널		
터널이름	길이(m)	완공연도(년)	터널이름	길이(m)	완공연도(년)
죽령터널	4,500	1942	애곡2터널	796	1940
입석터널	405	1952	한재2터널	358	1950
정암터널	4,505	1973	남산2호터널	1,620	1970
인등터널	4,306	1980	남산3호터널	1,280	1978

표1 재래식 터널기술로 뚫은 대표적인 터널

이 기계를 활용한 기술로 바뀌었다.

재래식 터널기술의 약점은 콘크리트 라이닝과 터널 주변의 땅 사이에 일정량의 공간이 항상 남는다는 것이다. 후일 빈 공간으로 땅이 들어오며 터널 주변의 땅이 느슨해지면 콘크리트 라이닝에 가해지는 무게가 점점 커지게 되고 경우에 따라서는 붕괴에 이르기도 한다. 특히 땅이 무르고 콘크리트 라이닝이 부실할 때는 무너질 가능성도 더 커진다. 1978년 3월에 개통한 호남선 가수원과 흑석리 사이의 괴곡 터널(260미터)에서 이런 현상으로 인한 붕괴사고가 있었다(1979년 1월).

1982년 무렵까지만 해도 우리나라는 재래식 터널기술을 사용하였다. 그러나 심도가 깊지 않거나 토사로 된 무른 땅속에 터널을 뚫게 되면 터널이 무너지기 쉽고, 그렇게 되지 않더라도 땅을 심하게 변형시키고 침하시켰다. 따라서 땅이 어느 정도 가라앉더라도 문제가 발생하지 않는 지역이나 깊이가 비교적 깊고 단단한 지역을 골라서 이 기술을 적용하였다. 이 터널기술로 뚫은 대표적인 터널은 표1과 같다.

1980년 초반 이후의 터널기술

1980년 2월에 공사를 시작한 서울지하철 3호선과 4호선은 고가 구간이나 한강을 건너는 구간 등 일부 구간을 제외하고는 모두 땅속을 지나도록 계획되었다. 터널기술로는 개착 터널기술과 재래식 터널기술을 사용하였다. 지하철은 가능한 한 깊지 않은 곳에 만들어야 이용하기 좋고 유지 경비도 적게 든다. 그러나 깊이가 얕을수록 무너지기 쉽고 터널 주변에 있는 시설에 주는 영향도 커진다.

그러나 서울지하철 3호선과 4호선이 지나가는 서울의 중심부에는 건물이 밀집되어 있고 교통량도 많으며 도로 밑에 여러 종류의 시설들이 묻혀 있기 때문에 땅을 많이 변형시키는 재래식 터널기술로 이 지역에 터널을 뚫는다는 것은 무리였다. 또, 개착 터널기술을 적용하게 되면 도시 미관을 해치고 먼지, 소음, 교통 체증 등을 초래해 시민들에게 많은 불편을 줄 뿐 아니라 도시 기능을 심각한 수준으로 마비시키게 될 것이었다.

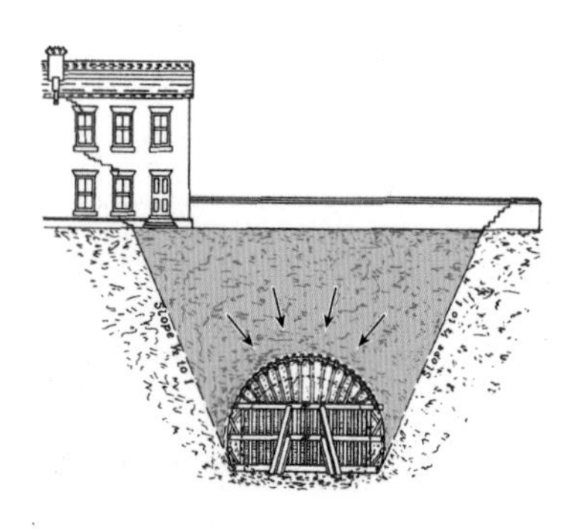

그림51 재래식 터널기술의 피해 개념

따라서 교통 흐름에 지장을 주지 않고 무른 땅에서도 무너지지 않아야 하며 터널을 뚫었을 때 지반 침하와 같은 변형도 적게 일으키는 새로운 기술이 필요했는데, 이때 혜성처럼 등장한 것이 바로 신터널기술New Austrian Tunnelling Method, NATM이다.[14]

이 터널기술이 정립되기 전에 이미 록볼트rockbolt 기술을 터널기술에 접목하고자 하는 국제적 공감대와 연구가 있었다. 1948년 미국 광무국은 갈라진 암반이나 느슨해진 암반을 록볼트로 꿰매 단단한 일체가 되도록 하는, 소위 록볼트 효과에 대해 체계적으로 연구했다. 같은 연구가 스웨덴과 오스트레일리아 스노이산맥 스킴Snowy Mountains Scheme에서도 이루어졌다. 일정한 패턴을 이루는 시스템 록볼트를 도입한 알프스 터널로는 1951년에 시작해서 1953년에 완성한 프랑스의 압력터널the Isère Arc Hydro Scheme(11.7킬로미터)을 들 수 있다.

랭T. A. Lang은 1961년에 작성한 보고서 「the-state-of-the-art report on rockbolting」에서 록볼트 기술을 발전시킨 공로자로 미국 광산업을 지목했다. 이처럼 광산업이 터널기술에 끼친 영향은 크다. 숏크리트와 록볼트를 조합해 지보재로 사용한 최초의 교통터널은 독일의 슈

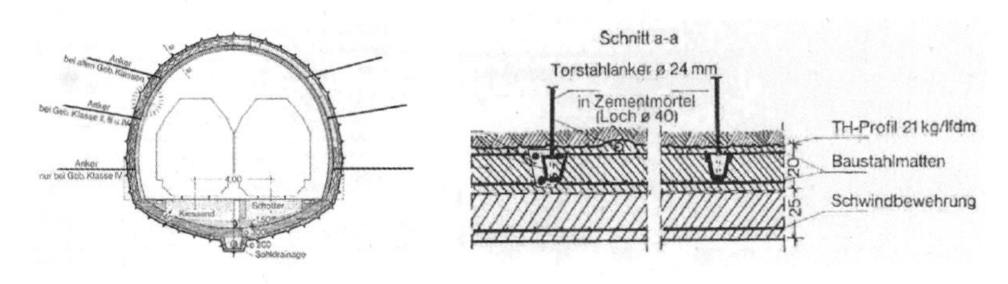

그림52 슈바이크하이메르 터널의 단면형상[15]

바이크하이메르Schwaikheimer 터널(308미터, 복선터널, 1963~1965년)이다. 이 터널에서 수집하고 확인한 기술들이 '신터널기술'의 뼈대가 되었다.

신터널기술은 1964년 오스트리아의 라브세비치Rabcewicz, 뮐러Müler와 파허Pacher가 제안한 기술로서, 터널을 파낸 후 터널 주변을 감싸고 있던 원래의 땅이 터널 공간을 유지시키는 주체가 되도록 만드는 기술이다. 이전까지의 터널기술에서는 크기가 어떻든 상관하지 않고 지보재는 땅이 가하는 무게를 안전하게 받쳐주기만 하면 되었다면, 신터널기술에서는 땅 스스로 부재의 일부가 되어 지보재와 함께 땅이 가하는 무게를 지지한다. 다시 말하면, 터널을 뚫으면 주변의 땅은 터널을 무너뜨리려는 힘에 대해 스스로 저항하는 힘(아칭현상arching effect)을 발휘하게 되는데, 이 힘을 최대한 활용하여 부재의 양을 크게 줄이는 기술인 것이다. 따라서 이 기술을 사용하면 땅은 터널 안으로 쏟아지지 않고 무너지려는 힘(이완 작용)에 스스로 저항하는 땅 고유의 힘도 잃지

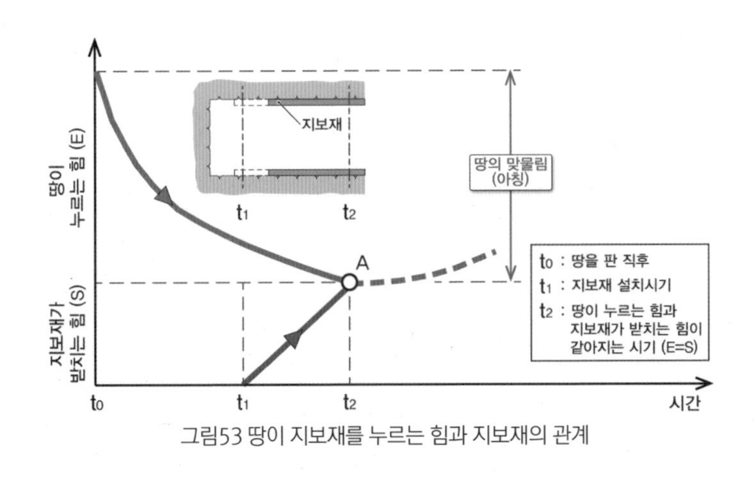

그림53 땅이 지보재를 누르는 힘과 지보재의 관계

않게 된다.

신터널기술은 터널을 뚫고 받치는 방법을 하나로 정하지 않는다. 즉, 실제 파낸 부분의 상태에 적합하도록 파는 방법과 받치는 방법을 그때그때 바꾼다. 암반이나 흙을 파낸 후 터널 벽면에 숏크리트를 일정한 두께로 뿜어 붙여 땅과 한덩어리가 되게 한다. 시간이 흐르면서 숏크리트 층은 단단해지고 받치는 힘도 따라서 커진다(그림53의 파란색 직선). 반면 땅은 터널 내부로 밀려들면서 자체의 지지력을 점점 크게 발휘하고(맞무는 힘, 즉 아칭현상이 커지고) 지보재를 향하여 누르는 무게는 점점 줄어들게 된다(그림53의 붉은색 곡선).

두 가지의 힘, 즉 지보재가 받치는 힘과 이를 향해 쏟아지려는 땅

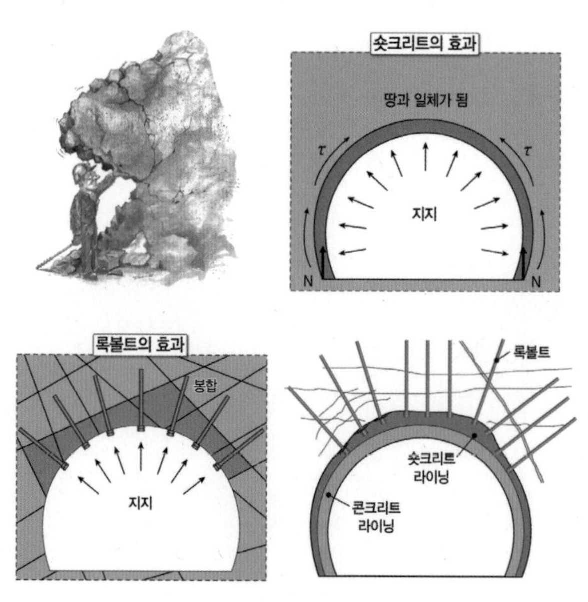

그림54 숏크리트와 록볼트의 효과

의 무게가 서로 평형을 이룸으로써(그림53의 A) 터널이 무너지지 않도록 하는 것이 이 기술의 핵심 원리이다. 이때 콘크리트 속에 철재 지보재 또는 철망 등을 넣거나 뿜어 붙이는 두께를 키우면 터널의 지보재가 땅을 받치는 힘이 더 커진다.

일반적으로 땅속의 암반은 다양한 성분의 광물들이 섞여 있고 갈라짐도 많으며 풍화되어 흙으로 변한 부분도 있다. 이와 같은 터널 주변의 땅을 단단하게 만들기 위해 시멘트 같은 재료를 주입하기도 하고 길이가 수 미터에 달하는 록볼트를 터널 벽면에 박아서 갈라진 암반을 꿰매기도 한다. 이렇게 무른 땅을 보강하여 단단하게 해주면 지보재를 누르는 힘, 즉 터널을 무너뜨리려는 힘도 줄어들게 된다. 이렇게 지보재와 이 지보재를 누르는 땅이 서로 역할을 분담하며 조화를 이루면서 터널이 안정된다. 따라서 터널을 뚫을 때 이 원리가 깨지지 않도록 하는 것이 중요하다.

신터널기술은 1982년부터 서울지하철 3호선의 도심 구간(독립문-광

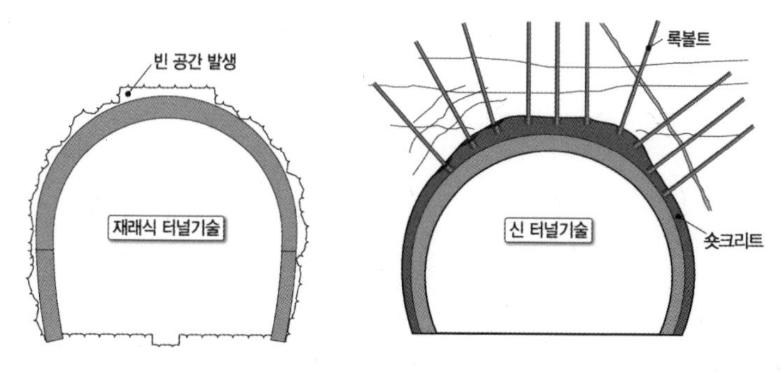

그림55 재래식 터널기술의 콘크리트라이닝 뒤의 공극[16]

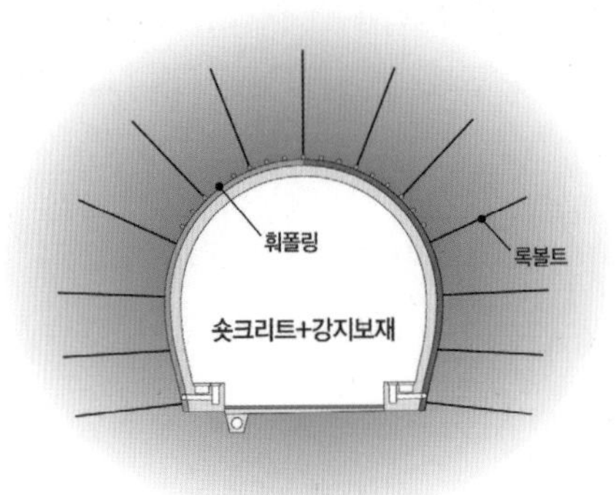

그림56 신터널기술을 적용한 터널의 단면

화문–청계천, 옥수동) 7킬로미터와 4호선의 도심 구간(동대문디자인플라자–명동–서울역) 4.6킬로미터에 적용되었다. 당시 설계와 현장기술지도(감리)를 겸해 맡은 두 팀이 있었는데 한 팀은 대우엔지니어링과 일본기술자들인 Japan Association of Railway Technical Service(JARTS), 다른 한 팀은 신한엔지니어링과 오스트리아기술자들인 Geoconsult로 구성되어 있었다. 당시에 참여했던 우리나라 엔지니어링 회사는 모두 사라졌지만 기술자들은 이후의 우리나라 터널기술의 자산을 만들었다. 서울지하철 도심 구간의 터널에서 기술의 우수성을 입증받은 신터널기술은 곧바로 우리나라의 터널기술의 핵심 자리를 차지하였다. 더불어 그동안 사용해왔던 재래식 터널기술은 빠르게 사라져갔다.

재래식 터널기술의 지보재는 땅과 일체가 되지 않아 지보재와 땅 사이에 빈 공간이 생길 수밖에 없었다. 이 공간으로 땅이 밀려들면서 주위의 땅을 느슨하게 만들어 결국 땅 자체가 지닌 지지력을 제대로 발휘할 수 없도록 하였다. 짧은 기간에 재래식 터널기술이 자취를 감추게 된 이유는 공학적 합리성과 경제성, 성능 측면에서 신터널기술이 월등했기 때문이다.

1980년대 중반 이후 도로, 철도, 지하철을 전국으로 확장하면서 터널의 폭이 넓어지고 길이도 길어졌다. 도로터널의 경우에는 교통량으로 정하는 차로의 수를 하나의 터널에 모두 수용할 것이냐 아니면 양쪽 방향의 차로를 분리할 것이냐에 따라 터널의 크기가 달라진다.

철도터널의 경우, 터널 안에 철로가 하나인 단선터널과 터널 안에 양쪽 방향의 철로가 모두 있는 복선터널로 나눠지고 터널의 크기는 차량의 크기와 속도에 따라 달라진다. 철도가 터널 안에서 분기될 경우에는 폭이 복선터널 이상으로 넓어지기도 한다.

고속철도터널의 경우처럼 열차가 터널 속으로 빠르게 들어가면 터널 내부의 기압이 급속도로 올라가고 열차는 큰 압력을 받게 된다. 열

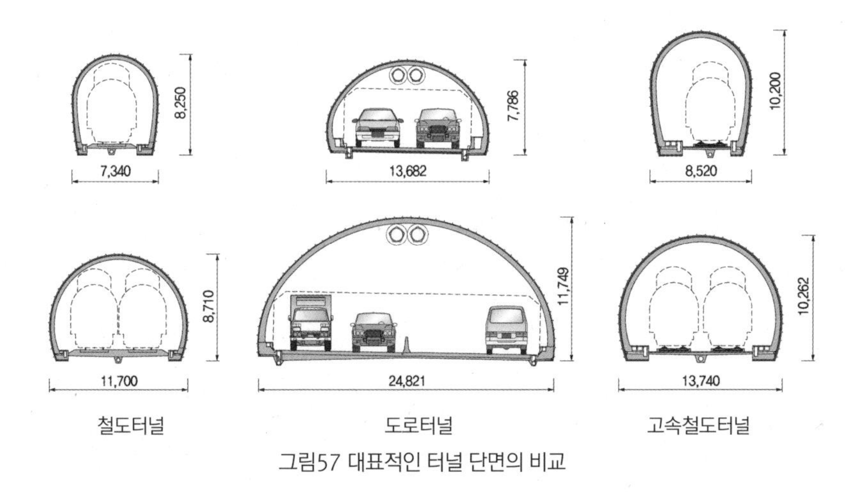

그림57 대표적인 터널 단면의 비교

차의 속도가 빠를수록, 터널이 작을수록 열차가 받게 되는 압력이 커진다. 경우에 따라서는 압력이 승객에게 전달되어 이명 현상을 유발하기도 한다. 따라서 고속열차는 열차를 개량하여 일반열차보다 공기압을 차단하는 성능을 개선해 승객을 안전하게 보호하거나, 터널을 크게 뚫어 열차가 받는 공기압을 줄여주어야 한다. 열차의 성능을 향상시키면 고가의 열차가 되고 이를 유지하는 데도 경비가 많이 든다. 반면 터널을 크게 뚫으면 터널 시공에 소요되는 비용이 많아지게 된다. 이 두 관계를 비교하고 조합하여 가장 적합한 터널의 규모를 결정한다. 각 터널별로 일반적인 단면의 크기와 모양을 비교하면 그림57과 같다.

우리나라 터널기술의 정착과 도약

우리나라의 터널기술은 세계적인 수준이다. 단기간이지만 세계적인 기술들을 직접 경험하면서 배우고 응용하며 적극적으로 발전시킨 덕분이다. 터널기술의 도입과 정착에 가장 크게 기여한 것은 서울지하철 사업이다.

605제곱킬로미터의 면적을 둘러싸고 있는 지금의 서울시의 경계는 1963년에 정해졌다.[17] 이 면적은 국토 면적의 0.6퍼센트이며 시의 경계를 정할 당시 서울시에는 약 325만 명이 거주하고 있었다. 이후 인구는 가파르게 증가하여 27년 후인 1990년에는 1,060만 명이 되었다. 인구가 폭발적으로 증가하면서 교통이 매우 혼잡해져 이를 해소할 방안

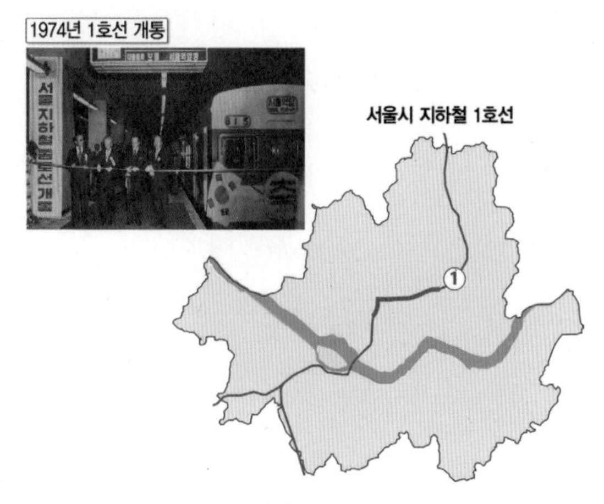

그림58 지하철 1호선 노선 현황

을 모색하게 되었다. 서울지하철은 이의 일환으로 탄생하였으며 1974년 1호선의 완공을 기점으로 본격적인 지하철 시대를 열었다.

서울 지역은 동서로 가로질러 흐르는 한강과 지류가 여럿 있을 뿐만 아니라, 땅속이 단단한 암석에서 무른 토사에 이르기까지 아주 다양하게 섞이고 얽혀 있다. 더구나 터널을 뚫는 일을 방해하고 성가시게 하는 시설물(지장물)이 많다. 이러한 좋지 않은 여건들을 극복하는 과정에서 기술이 크게 발전하였다. 땅속을 조사하는 기술도 함께 발전하였고 오늘날에는 컴퓨터 해석을 통해 터널 뚫는 과정을 미리 검증하여 실제 공사에서 예상되는 문제를 찾아내 사전에 보완하는 것도 가능해졌다.

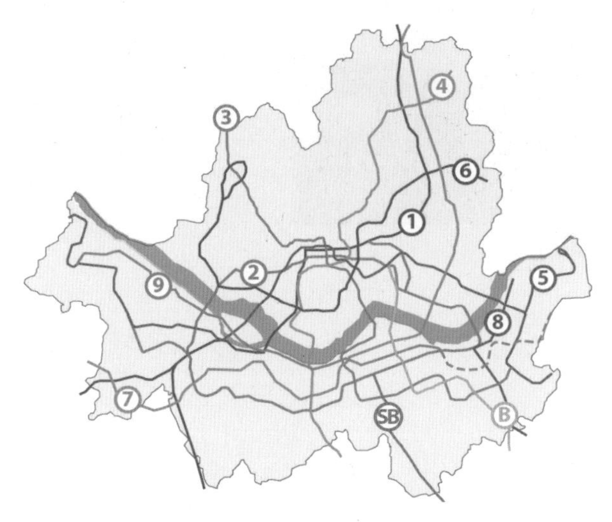

그림59 서울지하철 전체 노선도

도시명	연장(km)			도시명	연장(km)		
	지상	터널	합계		지상	터널	합계
서울[1]	117.9	373.4	491.3	인천[4]	8.0	54.8	62.8
부산[2]	30.5	90.5	121.0	대전[5]	-	23.3	23.3
대구[3]	24.0	63.2	87.2	광주[6]	2.2	17.9	20.1

1: 서울지하철 1~9호선, 분당선, 신분당선, 공항철도, 우이신설선, 2: 부산지하철 1~4호선
3: 대구지하철 1~3호선, 4: 인천지하철 1,2호선, 5: 대전지하철 1호선. 6: 광주지하철 1호선

표2 2017년 현재 지하철터널의 연장 현황

1장에서 살펴본 대로 땅속은 미지의 세계이다. 이곳에 지하철이나 전기, 통신, 상수도 망network을 만드는 것은 여간 어려운 일이 아니다. 우주를 향해 탐사선을 보내고 청진기, CT, MRI로 인체를 진단하

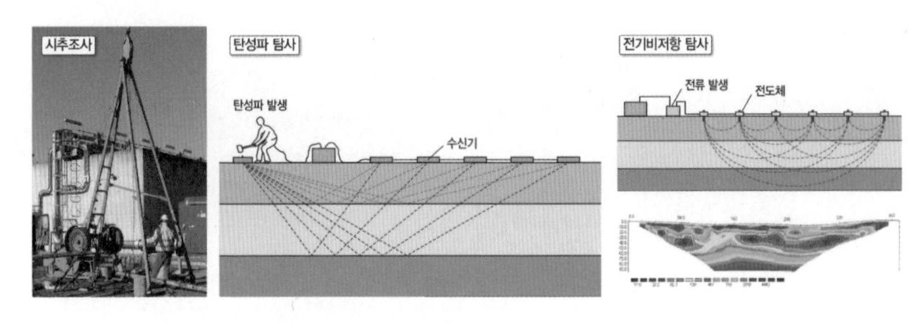

그림60 시추조사 광경과 물리탐사의 예

고 조직을 검사하는 것 등은 모두 볼 수 없고 알 수 없는 세계를 탐사하는 일이다. 땅속에 공간을 만들기 위해서도 이와 유사한 진단작업이 필요하다. 이것이 땅속의 상태를 조사하는 기술인데 전문용어로 지질조사geological investigation 또는 지반조사geotechnical investigation라 한다.

초기 터널기술에 활용한 지질조사자료는 매우 미흡했다. 따라서 실제 터널을 파는 시점에서야 비로소 알 수 있었다면, 근래에는 다양하고 발전된 조사들이 이루어져 사전에 얻은 여러 정보를 바탕으로 대비방안을 마련한 후 터널을 뚫는다. 조사의 기본이 되는 시추조사를 비롯하여 전기비저항, 탄성파, 탄성파토모그래피 등의 물리적 검층과 탐사를 실시하여 가능한 한 정확하게 땅속의 상태를 파악한다. 그렇지만 완벽한 조사기술은 아직 존재하지 않는다. 그림60은 시추조사와 물리탐사seismic survey에 대한 개념을 보여준다.

도시 아래를 달리는 열차터널(지하철터널)

지하철터널의 크기는 일반적으로 철도터널과 비슷하다. 다만 노선

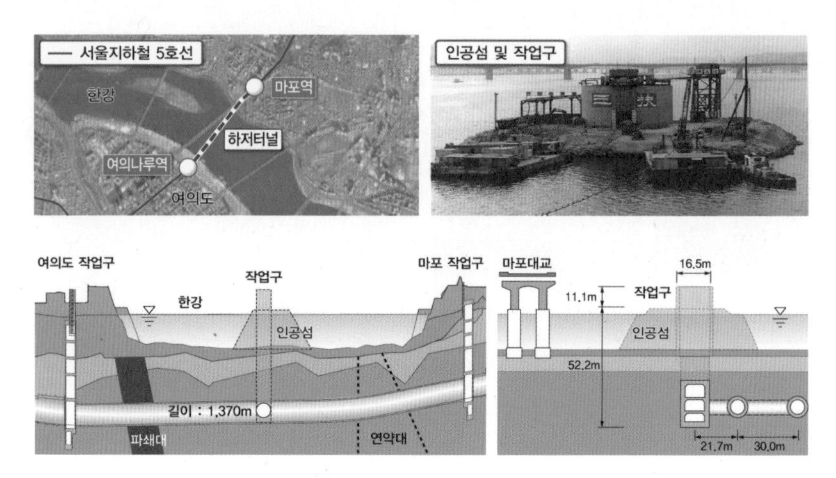

그림61 서울지하철 5호선 여의나루역과 마포역 구간의 하저터널[18][19]

끼리 가깝게 교차하는 경우와 정거장터널이 많다는 점이 다르다.

우리나라 터널기술이 빠르게 성장하도록 해준 지하철터널의 현황을 표2에서 볼 수 있다. 서울지하철은 전체 길이의 76퍼센트에 달하는 373킬로미터가 터널이다. 1990년에 시작한 제2기 서울지하철(5~8호선, 2~4호선 연장 구간)은 전체 길이의 합계가 170킬로미터에 이르며[20] 그중 50퍼센트 이상을 신터널기술로 뚫었다.

서울지하철 5호선 중 여의나루역과 마포역 구간의 한강 밑을 통과하는 구간은 신터널기술로 뚫은 우리나라 최초의 하저터널이다. 지하철터널이 지나는 한강의 중앙부에 임시 인공섬을 만들고[21] 수면 위로 터널을 뚫어 환기와 배수를 하였다. 임시 인공섬은 터널이 완성된 후 제거하고 그 부위는 원래의 상태로 복원하였다.

정거장터널은 폭이 넓고 높이가 낮아 작은 터널을 순차적으로 뚫

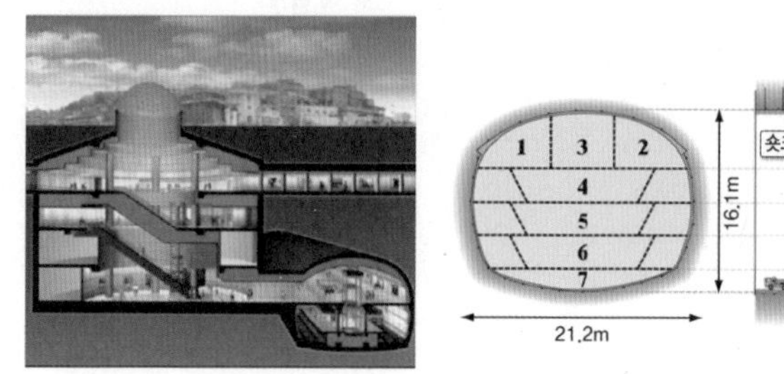

그림62 녹사평역 대단면 정거장터널

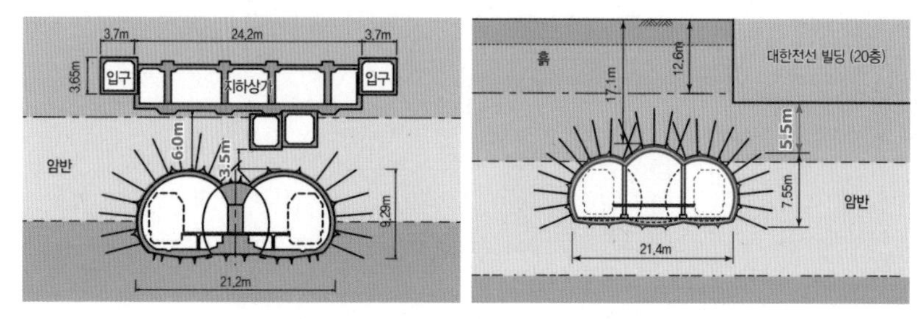

그림63 2아치 정거장터널(명동역) 단면과 3아치 정거장터널(회현역) 단면

고 옆으로 이어서 큰 터널로 확장하는 방법을 적용했다. 정거장터널은 2아치, 3아치 단면으로 이루어진 경우도 있다.

우리나라 최초의 2아치 정거장터널은 폭 21.2미터, 높이 9.29미터, 길이 168미터의 4호선 명동역(1985년)이며, 최초의 3아치 터널은 폭 21.4미터, 높이 7.6미터, 길이 129미터의 4호선 회현역(1985년)이다.[22,23] 이후 6호선 녹사평역 정거장터널을 하나의 대형 터널로 뚫었는데 이 터널은 대형 터널의 첫 성공 사례가 되었다.

앞에서 언급한 명동역과 회현역의 경우, 정거장터널 상부에 각각

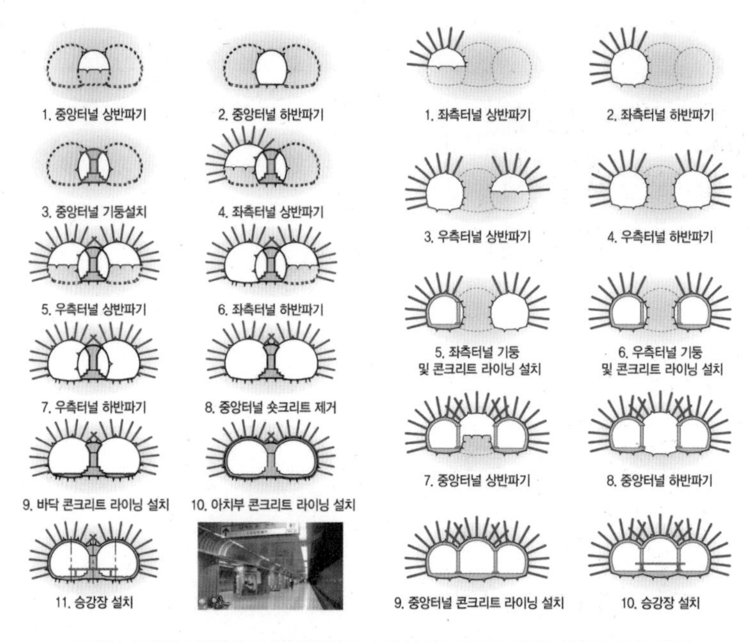

그림64 2아치 정거장터널(명동역)과 3아치 정거장터널(회현역)의 완성 과정

3.5미터, 5.5미터밖에 떨어져 있지 않은 지하상가와 고층건물이 있어 이런 구조물에 피해를 주지 않아야 하는 고난도 도전 과제도 주어졌다. 이 정거장터널들은 그림64와 같은 단계를 거쳐 만들었다.

명동역 정거장터널은 중앙부를 먼저 파고 기둥으로 받친 후에 좌우를 팠으며, 회현역 정거장터널은 좌우 양쪽 터널을 먼저 파고 기둥과 터널 라이닝으로 받친 다음 중앙부를 파서 단면들을 안전하게 확장했다.

자동차가 달리는 터널(도로터널)

서울지하철의 성공 경험은 우리나라의 터널기술에 활력과 자신감

터널이름	길이(m)	완공연도(년)	특이사항	비고
둔내 터널	3,300	1999	최초 연직 터널 환기	2차로터널 병렬
죽령 터널	4,600	2001	선TBM+NATM확장	2차로터널 병렬
사패산 터널	3,993	2008	최대폭 터널(18.8m)	4차로터널 병렬 (기네스북 등재)

표3 신 터널기술로 뚫은 도로터널

을 안겨주었다. 이어서 무려 4차로를 수용할 수 있는 대형 도로터널을 뚫는 것에도 성공하였다. 우리나라에서 가장 긴 도로터널은 2017년에 완공된 인제양양 터널이며 길이는 11킬로미터이다. 이 터널은 세계에서 11번째로 긴 도로터널이자 폭 13.4미터, 높이 8.4미터인 4차로 터널로, 환기와 방재를 위한 연직 터널 2개와 경사진 터널 1개를 가지고 있다. 신터널기술로 뚫은 주요 도로터널을 표3에서 볼 수 있다.

물이 방해가 될 때에는 물 밑으로 길을 열어 반대편과 연결한다. 가덕도와 거제도를 연결하는 가덕 해저터널과 대천항(보령시)과 영목항(태안군 안면도)을 연결하는 해저도로(2021년 개통 예정)가 그 예이다. 이런 방식으로 전라남도와 제주도를, 충청남도와 중국 산둥성을, 경상남도와 일본 후쿠오카를 바다 밑 터널로 서로 연결하자는 의견들도 있다.

부산의 가덕도와 거제도를 잇는 도로 중 3,240미터에 해당하는 가덕 해저터널은 침매터널immersed tunnel기술로 만들었다. 침매터널기술은 육상에서 미리 만든 터널 세그먼트tunnel segment들을 터널 위치로 이동시켜 물속에 파놓은 트렌치에 가라앉히고 터널 세그먼트끼리 연결시

그림65 가덕 해저터널과 보령 해저터널

킨 후 흙으로 덮어서 터널을 만드는 기술이다.

바다나 강 위에 놓은 다리는 수상교통 항로에 방해가 될 수 있지만 침매터널은 이런 제약을 주지 않는다. 또한 수중 작업과 육상 작업인 터널 세그먼트 제작 등을 서로 간섭 없이 동시에 진행할 수 있기 때문에 기간을 단축할 수 있고 강이나 바다의 바닥에 만들기 때문에 더 깊은 곳에 뚫어야 하는 일반 터널보다 길이도 짧게 할 수 있다.

침매터널을 만들기 위해서는 우선 바다나 호수와 맞닿아 있는 곳

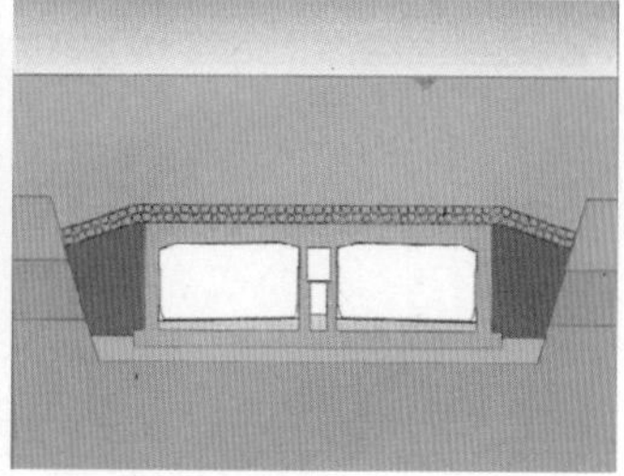

그림66 침매터널을 되메우는 모습

에 길고 두꺼운 수문을 설치하고 수문 안쪽 육지를 파내서 독dry dock를 만들어야 한다. 독에 일정한 길이의 터널 세그먼트를 완성하면 독에 물을 채워 터널 세그먼트를 배처럼 뜨게 한 다음, 터널 세그먼트를 터널 위치로 끌고 가서 가라앉혀 먼저 설치한 터널 세그먼트와 연결하고 흙으로 덮는다. 이런 작업을 반복하며 터널을 완성하게 되는데, 반복하는 횟수는 터널의 길이와 제작한 터널 세그민트의 길이에 의해 결정된다. 부력에 의해 터널이 떠오르지 않고 물의 흐름에 바닥이 깎여 나가더라도 터널을 충분히 보호할 수 있는 두께로 흙을 덮어야 한다.

배가 바다 위를 자유롭게 운항할 수 있도록 침매터널기술로 완성한 가덕 해저터널은 총 18개의 터널 세그먼트로 연결된 터널이다. 하나의 터널 세그먼트는 폭이 26.5미터, 높이가 10미터, 길이가 180미터로서 마치 가운데 벽을 둔 네모나고 커다란 철근콘크리트 배와 같은 느낌을 주며, 무게는 무려 4만 5,000톤에 이른다.

이 침매터널은 우리나라 최초의 대규모 해저터널이고 58미터 깊이의 수압을 견딜 수 있다. 침매터널기술은 터널의 모양을 다양하게 만

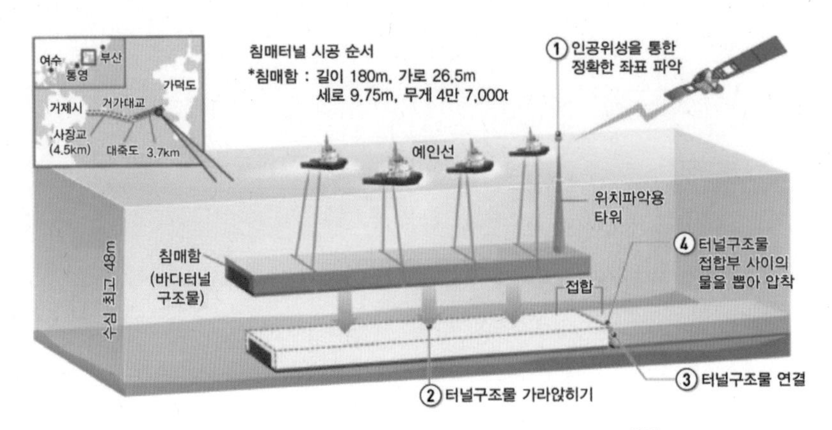

그림67 침매터널기술로 연결하는 모습(가덕 해저터널)[24,25]

들 수 있지만 물의 흐름의 영향을 많이 받으므로 연결부를 비롯한 모든 부분에서 물이 새지 않도록 하는 것이 특히 중요하다. 가덕 해저터널은 우리나라가 세계적인 터널기술 보유국임을 보여주는 사례이다.

세계에서 침매터널기술에 대한 실제적인 아이디어로 최초로 인정받은 것은 1810년에 영국 템스강을 횡단하는 터널기술 공모에서 뽑힌 찰스 와이엇Charles Wyatt의 제안이다.[26] 찰스 와이엇의 제안은 다음과 같다.

벽돌로 만든 15미터 길이의 방수 실린더를 템스강을 가로질러 파낸 트렌치에 가라앉힌 다음 실린더끼리 서로 연결하면서 순차적으로 흙으로 덮는 것이었다. 트렌치를 모두 되메웠을 때 강바닥 높이가 이전보다 높아지지 않도록 하되 실린더가 최소 1.8미터 이상 묻히도록 덮어 배가 닻을 내리더라도 실린더에 손상을 입히지 않도록 했다. 특히 실린더의 양끝을 막아 물에 뜰 수 있게 했을 뿐 아니라 물을 넣고 빼낼 수 있는 개폐문도 두도록 설계하였다.

존 아이작 호킨스John Issac Hawkins는 템스강 실물 모형 검증을 통해 와트의 아이디어를 시험하였다. 호킨스는 1810년 말 내부 직경이 2.7미터, 외부 직경이 3.3미터, 길이가 7.6미터인 벽돌 실린더를 2개 제작하여 1811년 4월까지 배가 자주 드나드는 현장에서 시험을 실시한 결과 와이엇의 침매터널 아이디어가 기술적으로 실현 가능함을 입증하였다. 그러나 와이엇-호킨스 침매터널기술은 재정 문제로 공사가 연기되면서 영국에서는 빛을 보지 못했다.

실질적으로 침매터널기술을 최초로 성공한 것은 미국의 디트로이트Detroit강 터널에서였다. 미국과 캐나다를 연결하는 미시간 중앙철도는 미국의 디트로이트와 캐나다의 윈저Windsor 사이에 있는 디트로이트강에 의해 가로막혀 있었다. 강가에 도착한 열차를 차량별로 분리하여 열치페리에 실어 강 건너편으로 운반한 후, 다시 연결하여 운행해야 했다. 이 방식으로 800미터 정도 되는 강을 건너는 데 3시간에서 8시간이 걸렸다. 그러던 중 1887년과 1888년 사이 겨울에 디트로이트강이 얼어붙어 4일 동안 열차페리를 운행하지 못하였고, 그 후 열차페리 서비스가 한 달 동안이나 원활하게 이루어지지 않자 다른 방법을 찾게 되었다.

강 위에 다리를 놓는 것은 선박 운항에 지장을 주기 때문에 침매터널을 대안으로 선정하였다. 강바닥에 트렌치를 파고 철제로 된 커다란 관을 둘씩 짝으로 만들어 가라앉힌 다음, 수중에서 콘크리트를 부어 관의 둘레를 싸는 방법이었다.

공사는 1906년부터 시작하였다. 1센티미터 두께의 철판을 말아 직경 7.1미터의 관을 만들고 이 관들을 이어서 길이가 80미터가 되는 튜브를 만들었다. 철판을 이을 때 철판을 겹쳐서 꿰매는 리벳 방법을 사용했다. 이렇게 제작된 철제 튜브를 가라앉혀 먼저 설치한 튜브와 잇대어 고정한 다음 튜브 주위에 콘크리트를 붓고 트렌치의 나머지 부분은 자갈과 흙으로 되메워 원래의 강바닥을 복원하였다. 튜브 내부를 철근콘크리트 라이닝으로 보강하는 일을 완료함으로써 1910년, 길이 813미터의 침매터널이 세계 최초로 완성되었다.

디트로이트 침매터널이 성공을 거두면서 침매터널기술은 네덜란드와 일본 등지로 퍼져나갔다. 당시 네덜란드는 해안을 덮고 있는 개펄이 많았고 수위도 높아 도로와 철도를 놓는 데 어려움을 겪었다. 큰 수압에 불리한 실드보다는 침매터널기술이 필요한 상황이었다. 이후 이 기술을 활발하게 적용하고 발전시키면서 네덜란드는 이 분야의 세계 강자가 되었다. 미국의 원통 모양의 철판 침매터널기술은 조선소가 많은 나라에서 발전하였고, 철강재가 비싸고 여러 차로를 가진 침매터널이 필요한 유럽 지역에서는 사각형의 철근콘크리트 침매터널기술이 발전하였다.

열차가 달리는 터널(철도터널)

하나의 철도를 상행과 하행의 열차가 번갈아 사용하는 단선철도는 운행 성능을 떨어뜨렸다. 이를 향상시키기 위하여 상행과 하행 철도를 분리하여 나란히 놓는 철도개량사업을 시행하면서 복선터널이 늘어났다. 또한 전철 운행을 위해 내부에 전선을 설치하면서 터널이 커지기도

그림68 연화산 밑에 루프 모양으로 뚫은 솔안 터널[27]

했다.

우리나라 일반철도터널 중에서 길이가 가장 긴 터널은 강원도 동백산역과 도계역을 잇는 솔안 터널이다. 이 단선철도터널은 길이가 16.2킬로미터이다. 열차가 효율적으로 달릴 수 있도록 철도의 기울기를 낮추기 위해 연화산 땅속에 루프를 만들어 직선거리보다 6킬로미터 길게 뚫은 것이 흥미롭다. 환기와 방재 목적으로 경사터널을 2개 두었으며 열차가 비껴가도록 교행정거장을 하나 두었다. 이 터널은 2012년에 성공적으로 완공되었다.

고속철도터널은 폭과 높이가 각각 13미터와 10미터 정도이다. 열차가 고속으로 질주하면서도 레일을 벗어나지 않기 위해서는 철도의 회전곡선반경도 커야 한다. 속도가 빠를수록 철도는 직선에 가깝게 놓여야 하기 때문에 산지가 많은 우리나라의 고속철도는 터널의 비중이 크다. 경부고속철도 KTX에서 가장 긴 터널은 2010년에 완공된 금정 터널이며 길이가 20.3킬로미터이다. 2016년 완공된 수서-평택 간 고속철도 SRT

에는 길이가 무려 52.3킬로미터(개착 터널 포함)인 율현 터널이 있다. 율현 터널은 길이 면에서 세계적인 터널들과 견줄 만하다고 할 수 있으나, 깊이가 얕고 여러 개의 터널을 뚫어서 연결한 형태이기 때문에 하나의 터널로 뚫은 깊고 긴 터널들과 직접 비교하는 것은 다소 무리가 있다.

암반굴착기로 뚫은 터널기술(기계식 터널기술)

앞에서 살펴본 바와 같이 터널을 뚫는 기계로 밀려드는 땅을 저지시키고 자신도 보호해주는 강철 원통을 구비하고 있는 기계를 실드라고 한다. 실드는 개펄이나 흙처럼 무른 땅에 터널을 뚫는 기계로 맨 앞의 면판에 땅을 팔 수 있는 끌 모양의 날blade이 일정한 간격으로 붙어 있고 파내는 흙을 배출할 수 있는 홈을 가지고 있다. 이 면판을 땅에 밀어붙이면서 회전시킴으로써 땅을 파고 앞으로 나아간다.

면판의 회전은 전기모터가 담당하고, 미는 것은 실드의 뒤쪽 끝과 세그먼트 사이에 있는 여러 개의 유압잭들이 담당한다. 세그먼트 라이닝을 유압잭의 지지대로 삼아 추진시켜 실드가 세그먼트 폭만큼 전진하고 나면 그 위치에 바로 다음 세그먼트를 조립하고 세그먼트 바깥 면과 땅 사이의 틈을 채움재로 채운다. 파낸 흙은 컨베이어 벨트에 실어 뒤쪽으로 보낸 후 터널 밖으로 내보낸다.

실드는 대부분 체임버pressure chamber를 두고 여기에 흙이나 물의 압력에 대항하는 압력을 가할 수 있도록 되어 있다. 실드 쪽으로 밀고 있는 흙과 물의 압력과 체임버의 압력을 같게 하면 면판 앞의 땅은 실드 쪽으로 움직이려는 것을 멈춘다. 앞에서 살펴본 그레이트헤드 실드

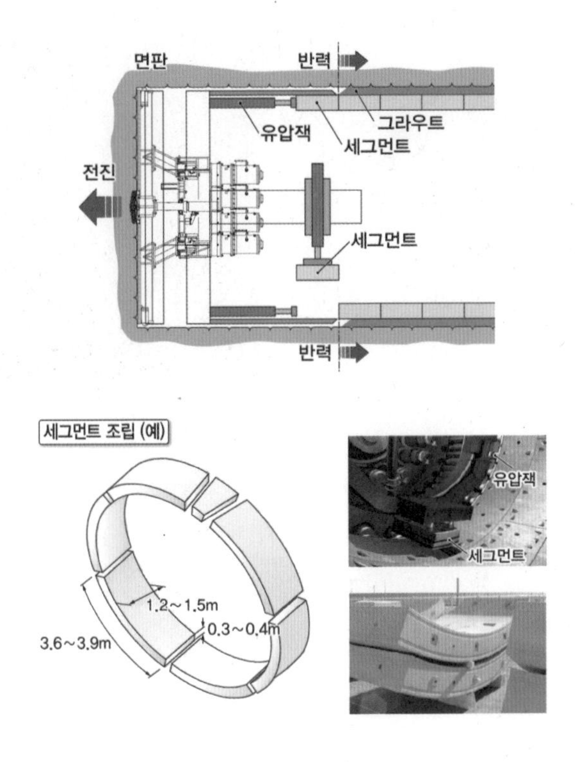

그림69 실드의 추진 개념도 및 세그먼트

에 압축공기를 사용했던 원리와 같은 원리이다. 땅 쪽으로 가하는 압력을 파낸 흙에서 얻으면 '토압식 실드', 슬러리(이수slurry)의 압력에서 얻으면 '슬러리 실드' 등으로 구분하여 부른다.

암반굴착기가 실드와 확연히 다른 부분은 땅을 뚫는 면판의 생김새이다. 암반굴착기는 단단한 암반을 상대해야 하기 때문에 강한 강철판에 여러 개의 디스크disc가 붙어 있다. 면판을 암반에 밀어붙여 회전시키면 날카로운 디스크가 동심원을 그리며 암반을 쪼갠다. 면판

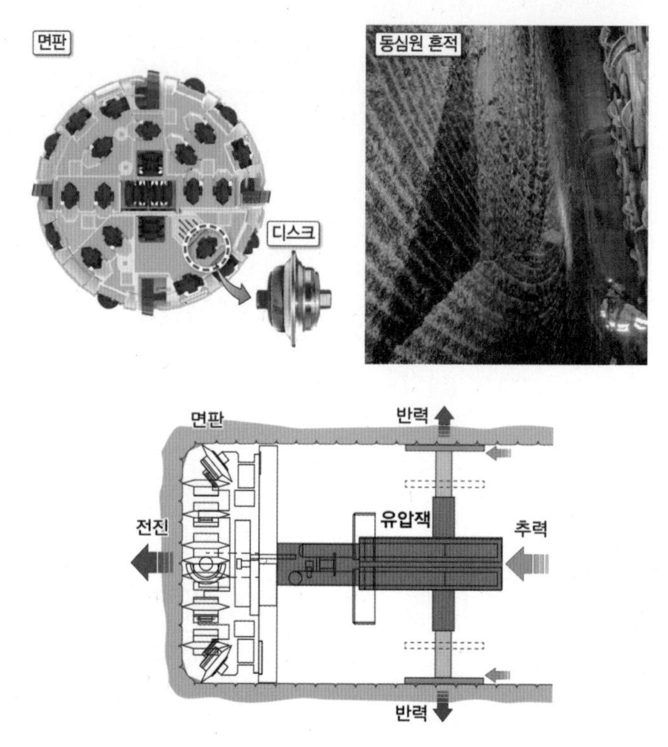

그림70 암반굴착기의 추진원리와 커터의 궤적

을 밀어붙이는 힘을 추진하는 힘, 추력thrust force이라고 하는데 터널 벽면에 수직 방향으로 강하게 버티는 그리퍼gripper로부터 그 힘을 얻는다. 단단한 암석을 지름이 큰 암반굴착기로 뚫기 위해서는 매우 큰 추력과 회전력이 필요하다. 암반의 경도가 클수록 디스크의 마모도 커서 일정한 길이를 뚫고 나면 면판을 점검하고 마모된 디스크를 새 디스크로 교체해주어야 한다.

그러나 이와 같은 암반굴착기는 터널을 뚫고 가는 도중에 크기와 방향을 자유롭게 바꿀 수가 없다. 따라서 터널의 크기가 변하거나 급하게 방향을 바꾸는 곳에서는 발파기술과의 조합이 필요하다. 최근에는 속도도 빠르고 지름이 17.66미터에 이르는 암반굴착기도 홍콩에서 등장하였다.

기계를 수입해야 했고 그 가격이 고가였기에 우리나라 기계식 터널기술의 역사는 매우 짧다. 이 기술은 비교적 크기가 작은 전력터널이나 통신터널에서부터 시작하였다. 최근에는 이 기술을 사용하는 빈도가 늘고 있고 터널의 규모도 커지고 있다. 우리나라에서 기계식 터널기술을 사용하여 뚫은 최초의 지하철터널은 1987년에 끝난 부산지하철 3단계 구간(서구 대신동–사하구 괴정동, 1,835미터)이다. 그 후 1994년 병렬터널로 완성한 서울지하철 5호선 까치산 구간(단선병렬 670미터)에서도 개방형 TBM을 적용하였다(서울특별시 지하철건설본부(1998), 서울지하철 5호선 건설지 상권, 제10절 5–9공구). 하지만 부산지하철 2호선 수영강 터널이 기술적으로 의의가 큰 터널이라 할 수 있다.[27] 수영강 터널에서는 단단한 암반과 무른 토사층이 섞여 있어서 실드 TBM을 사용하였다. 디스크 커터가 골고루 마

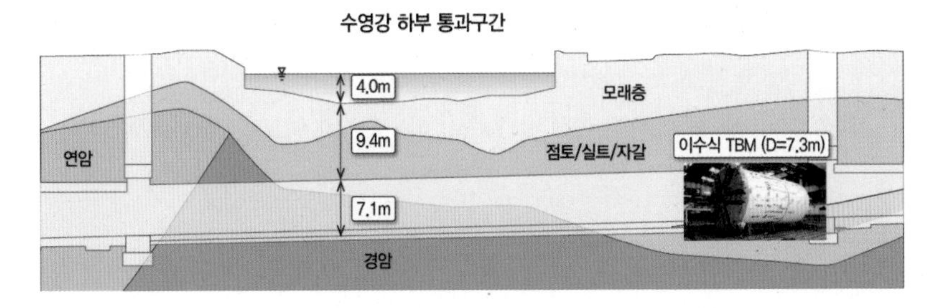

그림71 부산지하철 수영강 하부 구간

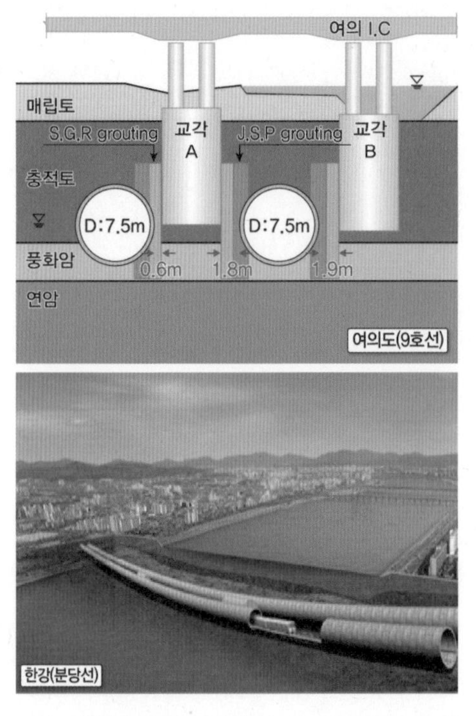

그림72 분당선 한강 구간과 서울지하철 9호선 여의도 구간 실드 TBM

모되지 않고 편중 마모되는 현상이 발생하여 어려움을 겪었다. 수영강 터널은 2002년에 완공하였으며, 실드 TBM 외부 직경이 7.28미터이고 상행선과 하행선 전체 길이의 합은 840미터이다.

한강 밑을 통과하는 분당선(직경 7.98미터, 길이 846미터, 2009년)과 서울 지하철 9호선 여의도~국회의사당 구간, 잠실~올림픽공원 구간도 실드 TBM을 사용했다. 최근에는 인천공항 제1터미널과 제2터미널을 연결하는 철도터널(직경 7.8미터, 길이 1.15킬로미터, 2016년), 원주시와 강릉시 사이

그림73 인천국제공항 제1, 2터미널 연결철도 실드 TBM

의 남대천 밑 철도터널(직경 7.4미터, 길이 1.16킬로미터, 2017년) 등에 기계식 터널기술을 사용하였다. 서울지하철 9호선 공사 당시, 국회의사당 구간에서 다리(교량)의 기초에 60센티미터까지 접근하였지만 다리에 피해를 주지 않고 안전하게 터널을 뚫을 수 있었다. 비록 현재는 기계장비에 소요되는 경비가 고가이기 때문에 더디게 사용되고 있지만, 수월한 작업이 가능하고 안전하다는 이점 때문에 이 기술이 장차 우리나라 핵심 터널기술의 자리를 차지할 것으로 보인다.

5장

땅속에 만들어진 공간의 환경과 안전

터널 내부의 환기

땅속은 땅 위에 비해 여름에는 시원하고 겨울에는 따뜻하여 계절별 온도 변화가 적다. 그러나 땅속을 깊이 파고 들어가면 어둡고 물이 차올라 물을 퍼내고 빛과 산소를 공급해주지 않으면 사람이 접근할 수 없다. 우주인에게 산소를 공급하고 우주복을 입혀 해로운 광선들을 차단하는 것과 비슷하다.

터널은 신선한 공기가 필요하다. 터널 속으로 공기를 불어 넣고 오염된 공기를 밖으로 빼내는 것을 환기라 하는데 터널 내부의 온도와 습도를 조절하는 역할도 한다. 인체의 동맥과 정맥이 하는 역할과 유사하다. 화재가 발생하였을 경우에는 환기를 통해 신속하게 연기를 빼내야 인명 피해가 발생하지 않는다.

기원전 4000년에서 1200년 사이 광산에 뚫은 터널에 환기를 했다는 기록이 있다.[01] 기원전 600년경 그리스에서도 터널 내부의 공기 흐

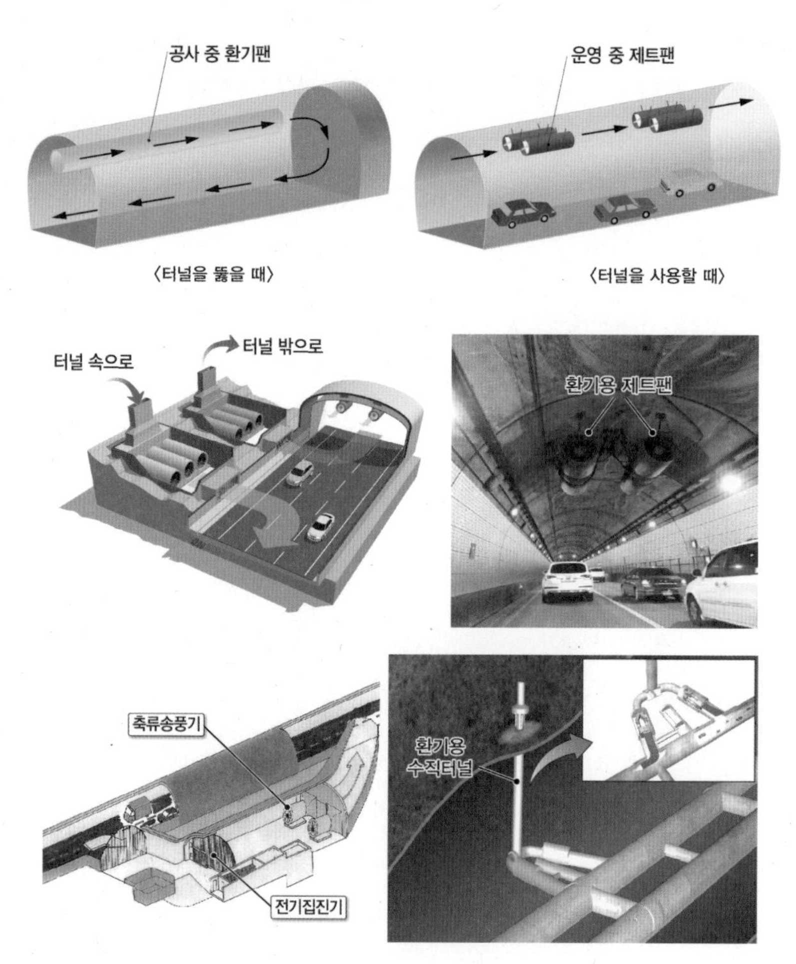

그림74 터널 내부를 신선하게 유지하는 기술의 개념

름을 나타낸 도면을 작성했다고 한다. 1556년 아그리콜라가 쓴 책에도 사람과 말이 풀무를 작동하여 환기를 실시했던 기록이 있다. 이후 사람들의 생활이 점점 윤택해지면서 작업자나 이용자들을 위한 환경 기준도 점점 엄격해졌고 자연스럽게 환기기술도 발전하게 되었다.

길이 4.5킬로미터의 가지산 터널에는 높이 240미터의 연직으로 뚫은 환기 터널이 있다. 터널 내부의 공기를 바꾸어주고, 비상시 탈출을 위해 터널 위를 뚫어 밖으로 통로를 내는 것이 효과가 가장 좋다. 하지만 깊이가 깊거나 터널 위에 건물, 바다, 강과 같은 것이 있는 곳에서는 그렇게 할 수 없다. 이런 경우에는 터널 입구에서 내부로 공기를 불어넣거나 경사진 터널을 별도로 뚫어 공기를 순환시켜야 한다. 호수나 바다 밑을 지나는 긴 터널은 물 가운데 섬을 만들고 통로를 뚫어 터널의 숨길을 열어준다. 경우에 따라서는 내부에 오염물질을 걸러주는 별도의 시설(전기집진기 등)을 두기도 한다.

도로터널은 내부 공기를 한 방향으로 계속 흐르도록 하거나, 외부에서 공기를 불어 넣는 동시에 오염된 공기를 빨아내어 환기한다.

철도터널에서는 기차가 지나갈 때의 압력으로 터널 내부 공기가 터널 밖으로 밀려난다. 지하철은 이용자가 많고 상시 근무자도 있기 때문에 정거장 시점부와 종점부에 환기 시설을 두어 터널과 정거장을 신선한 공기로 채운다. 이뿐만 아니라 터널 내부로 들어오는 물을 차단하는 기술과 들어온 물을 퍼내는 기술도 발전하였고 햇빛을 땅속으로 끌어들이는 것도 가능하다.

현대의 터널기술은 터널 내부를 땅 위의 세상에 버금가는 상태로 유지시킬 수 있을 정도로 발전하였다. 아직은 고가의 경비를 들여 그렇게까지 해야 할 필요성이 크지 않을 뿐이다.

지진에 더 안전한 땅속 공간

2016년 9월 12일 발생한 규모 5.8의 경주 지진은 국내에서 지진을 공식적으로 관측하기 시작한 1978년 이래로 가장 강력한 것이었다. 이후 약 14개월이 지난 2017년 11월 15일에 발생한 규모 5.4의 포항 지진은 경주 지진에 이어 두 번째로 큰 규모였다. 지진에 익숙하지 않고 대비도 잘 안 되어 있었던 우리에게 큰 충격을 주었다. 두 번에 걸쳐 일어난 이 지진은 우리나라가 더 이상 지진의 안전지대가 아님을 상기시켜 주는 중요한 계기가 되었다.

포항 지진은 경주 지진에 비해 규모는 0.4만큼 작아 에너지는 약 4배 정도 더 작았지만 인명 피해는 4배, 재산 피해는 5배 이상 컸다.[02] 그 이유는 포항 지진이 발생한 깊이가 약 3~7킬로미터로 경주 지진(11~16킬로미터)보다 지면에서 가까웠고, 발생 위치도 도시의 중심부와 가까웠기 때문이다.[03] 또한 경주 지진은 단단한 화강암 지반에서 발생하였지만 포항 지진은 무른 퇴적층 지반에서 발생했다는 차이점도 있었다.

지진이 발생하는 원인과 그 영향

지구 표면을 이루고 있는 거대한 판들은 끊임없이 서로 밀거나 당기는 운동을 하고 있다. 이 운동으로 판들의 내부 또는 경계부에 에너지가 발생하는데 이 에너지를 변형에너지라 한다. 변형에너지가 계속 축적되어 그 값이 임곗값을 초과하면, 즉 힘의 균형이 깨지면 땅을 끊어내면서(전단 파괴) 쌓였던 에너지를 방출한다. 이때 방출하는 에너지가 클수록 끊어내는 땅의 면적(단층 면적)도 커지게 된다. 이와 같이 지각 내부에서 갑작스럽게 땅이 끊어질 때 변형에너지가 방출되면서 땅이 흔들리게 되는데 이를 지진이라 한다.

힘의 균형 상태가 깨졌다가 다시 새로운 힘의 균형 상태로 돌아가는 과정인 것이다. 이 과정은 한 번에 이루어지지 않고 영향권에 있는 땅과 함께 작은 규모의 조정 과정을 여러 번 겪게 되는데 이것이 여진aftershock이다. 지진이 발생하는 지점을 진원hypocenter이라 하고 진원의 연직 방향 지표면을 진앙epicenter이라 한다.

지진이 발생하면 그 지점을 중심으로 상하, 앞뒤, 좌우의 세 방향으로 각각 밀고 당기는 지진파와 회전시키는 지진파가 발생한다. 이 파들은 진원으로부터 사방으로 퍼져나가며 땅을 흔든다. 땅의 흔들림은 진앙에서 가장 크고 진앙으로부터 멀어질수록 줄어든다.

지진파가 땅을 흔들면 건물과 같은 땅 위의 시설이나 터널과 같은 땅속의 시설 등에 영향을 준다. 땅 위 시설들은 연직 방향의 흔들림보다 수평 방향의 흔들림에 더 큰 영향을 받는 편이다. 수평 방향의 흔들림이 더 크기도 하고, 땅이 옆으로 흔들리면 관성의 법칙에 의해 땅 위에 서 있는 다리나 건물 등과 같은 시설물들은 밀고 당기는 힘을 반복하여 받기 때문이다.

지진이 터널에 미치는 영향

반면에, 땅속의 흔들림은 지표의 움직임보다 정도가 적다. 터널 주변의 단단한 땅이 터널과 함께 흔들리며 터널의 모양이 변하는 것을 막

그림75 지진으로 인한 땅 위의 시설물 피해 사례[04]

아준다. 설령 터널이 흔들려 주변의 땅에 상대적인 흔들림을 일으켰다 하더라도 둘러싸인 땅이 이 흔들림을 쉽게 진정시킨다.

1994년의 노스리지Northridge 지진은 로스앤젤레스 북서쪽 31킬로미터 지점의 산페르난도 계곡을 강타했다. 이 지진으로 많은 사상자가 발생하였으며 넓은 지역의 건물과 다리가 파괴되었다. 당시 기준으로 미국에서 피해를 가장 많이 준 자연재해 중 하나였지만 지하철은 피해를 받지 않았다. 일본의 고베 지진 때도 마찬가지였다. 터널은 거의 피해를 입지 않았다.

발생위치	발생연도(년)	지진규모	터널 피해
멕시코시티 (멕시코)	1985	8.1	터널은 일부 정전되었으나 피해가 없어서 이용자들은 안전하게 대피함. 또한 구조대들의 이동수단으로 지하철을 사용함.
로마 프리타 (멕시코)	1989	6.9	터널은 피해가 없었으며, 구조용으로 지하철을 사용함.
노스리지 (미국)	1994	6.7	터널 피해 없었음.
고베 (일본)	1995	7.2	터널은 피해 없었음. 1962년에 보통 수준의 지진에 대비함. 지하철역과 하수도관에는 피해가 있었음.
타이베이 (대만)	2002	6.8	터널 피해 없었음.
칠레	2010	8.8	지하철역 출구에 약간의 손상이 발생했으나 다음 날부터 지하철을 운행함.

표4 지진이 지하철터널에 미치는 영향

스티브 히먼Steve Hymon의 보고에 따르면 표4와 같이 1985년부터 2010년까지 발생한 규모 6.7~8.1의 지진들이 지하철터널에 입힌 피해는 거의 없었다.[05]

그러나 연약한 지반에 뚫은 터널은 단단한 지반에 뚫은 터널과 달리 흔들림 현상을 보일 수 있기 때문에 당연히 지진에 더 철저하게 대비해야 한다.

일본 구마모토 지진 때 다와라야마 터널은 중앙부의 피해가 없었

그림76 지진으로 의한 터널 입구부 피해 사례[0607]

다. 그림76의 사진을 보면 입구 쪽 콘크리트 라이닝에 균열(깨짐)이 발생하였지만 터널 전체적으로는 피해가 매우 경미한 수준이었다. 오히려 취약한 부분은 터널 입구이다. 특히 입구와 경사면이 무너지는 경우가 많이 발생한다.

6장

인류를 위한 터널기술의 공헌은 진행 중

다시 살펴보는 터널기술의 가치

자동차나 기차가 더 빠르고 더 안전하게 달리기 위해서는 도로나 철도가 평탄해야 한다. 방향을 바꿀 때도 큰 반경의 곡선을 타고 매끈하고 완만하게 방향을 바꿀 수 있도록 만들어야 한다. 우리나라와 같이 산들이 여기저기 가로막고 있는 지역에서는 터널을 뚫지 않고는 이런 도로나 철로를 만들 수 없다. 만약 터널기술이 없었다면 많은 산들을 대규모로 자르고 깎으면서 소중한 자연 환경을 더 많이 훼손하였을 것이다.

터널을 뚫는 것으로도 자연환경이 파괴된다며 터널 공사를 반대한 경우도 있었다. 서울외곽순환도로의 사패산 터널이나 경부고속철도 천성산 밑의 원효 터널의 경우가 그 경우라고 할 수 있다. 두 터널은 2000년대 초반 자연환경을 훼손할 것이라는 반대 의견에 부딪혀 공사가 장기간 표류되면서 국가적인 경제손실을 가져왔었다. 진통 끝에 결국 처

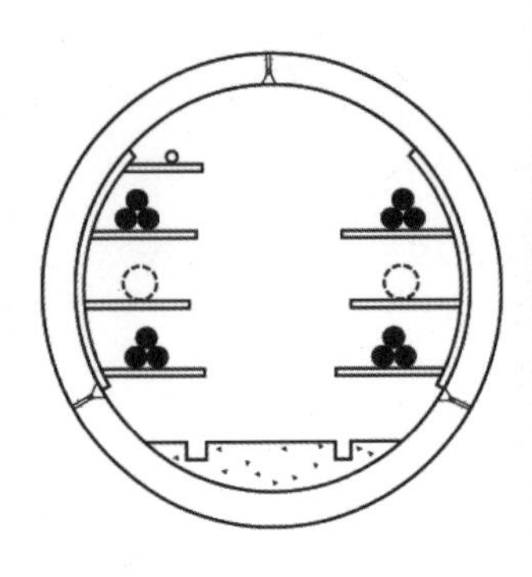

그림77 땅속으로 이동한 복잡한 전력공급시설[01]

음 계획대로 터널이 뚫렸고, 상당한 기간이 지난 지금까지도 이 터널들로 인해 환경이 훼손되고 있다는 의견은 제기되지 않는다. 현재 두 터널은 국가의 동맥과 같은 역할을 담당하고 있다.

터널이 얼마나 친환경적인지는 서울시 남산의 경우를 살펴보면 더 분명해진다. 남산에는 1970년대에 완성된 터널이 3개 있다. 사패산 터널이나 원효 터널보다 시기적으로 더 오래전에 더 많은 수의 터널이 남산 밑을 뚫고 지나간 셈이다. 그런데도 지난 50년에 가까운 기간 동안 터널로 인해 남산의 지하수가 고갈되었다거나 생태계를 훼손하였다는 문제는 제기되지 않았다. 예와 다름없이 오늘도 남산은 도심의 교통을 순환시키는 터널을 품은 채 자신을 찾는 이들을 반기고 있다.

상수도와 하수도는 도시가 쾌적할 수 있도록 땅속에서 돕고 있다. 무심코 지나치기 쉬운 땅 밑의 철길과 도로를 생각해보라. 그것들이 없다면 땅 위 도로는 어떠할까! 더 나아가 땅속에 있는 터널들을 모두 폐쇄

했다고 상상해보면 우리 생활에서 터널이 얼마나 중요한 역할을 하고 있는지 쉽게 알 수 있다. 땅의 위아래 두 세계를 연결하여 소통시키는 길이 바로 터널이고, 이는 터널기술이 인류에게 안겨준 커다란 선물이다.

우리나라 도시 거주 인구 비율은 점점 늘어나 2050년이 되면 87.6퍼센트에 이를 것으로 예측하고 있다.[02] 이와 더불어 산업시설도 계속 늘어나 생활환경을 훼손하고 유해한 쓰레기도 늘어날 것이다. 반드시 땅 위에 두어야 할 시설을 제외한 나머지 시설을 모두 땅속으로 옮긴다면 복잡하고 빽빽한 땅 위의 공간이 여유로운 공간으로 바뀔 수 있지 않을까?

땅속은 온도의 변화가 적고 차단 효과가 높으며 지진과 같은 자연재해를 만나도 피해를 거의 입지 않는다는 장점이 있다. 무엇이든지 오랫동안 안전하게 보존할 수 있는 것이다. 따라서 방사성 폐기물과 같은 위험한 물질을 저장하기에도 안전하다고 할 수 있다. 방사성 폐기물은 고준위, 중·저준위, 극저준위로 나뉘는데 이 중에서 고준위 폐기물은 사용이 끝나고 난 후 원자로에서 꺼낸 핵연료를 말하고, 중·저준위 폐기물은 원자력발전소에서 사용한 작업복, 장갑, 기기교체부품이나 병원, 연구기관 등에서 발생하는 방사능 수치가 낮은 폐기물을 말한다.

우리나라는 핀란드에서 채택한 형태와 유사한, 중·저준위 방사성 폐기물을 영구 매립하는 지하처분동굴을 2014년에 완성하여 운영하고 있다.[03] 지표로부터 130~180미터 사이의 땅속 암반 속에 내부 지름이 23.6미터(상부 높이 15미터, 돔의 내부 지름 27.3미터)이고 높이가 50미터인 동굴silo 2개를 3열로 배열한 6개의 동굴에 총 10만 드럼의 폐기물을 저장할 수 있다. 두께가 1.2미터인 철근콘크리트 벽이 이 동굴들을 둘러싸

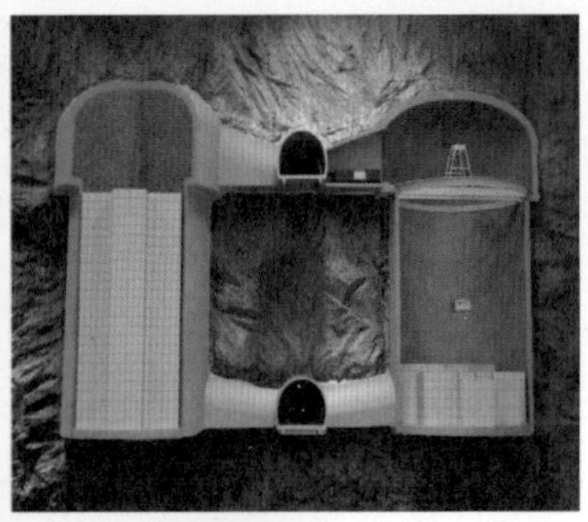

그림78 경주 방사성폐기물장과[04] 부산 지하하수처리장

고 있으며 길이가 각각 1.95킬로미터, 1.42킬로미터인 2개의 터널을 통해 밖으로 통하는 입구가 연결되어 있다. 이곳의 엘리베이터용 연직 터널은 지름이 9미터, 길이가 207미터 규모이다.

이뿐만 아니라 유류, 가스, 하수 처리 시설 등 위험하고 악취가 나고 면적을 많이 차지하는 시설들을 땅속으로 옮기면 지금보다 쾌적하고 안전한 환경을 만들 수 있다. 터널기술만이 이런 일들을 가능하게 할 수 있다.

서울시와 위성도시 및 신도시 그리고 인천시에 거주하는 인구를

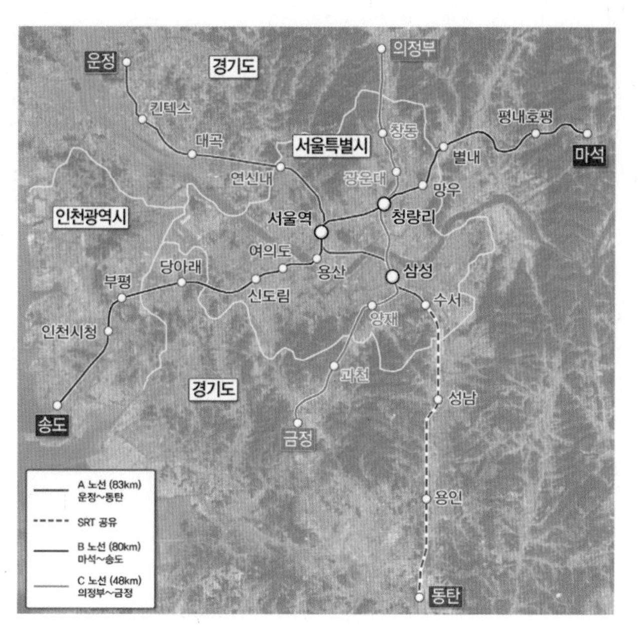

그림79 수도권 광역급행철도 노선도[05]

모두 합하면 우리나라 전체 인구의 49퍼센트가 넘는다.[06] 좁은 지역에 매우 조밀하게 모여 살기 때문에 교통량이 많고 이로 인한 교통 체증이 심각하여 물류비도 많이 든다. 수도권이 앓고 있는 이런 문제를 근본적으로 해결하기 위해 서울시는 지하 50미터 깊이에 고속철도망인 광역급행철도Great Train Express, GTX를 계획하였다.[07] 3개축으로 되어 있는 이 철도망은 길이가 총 211킬로미터이며 서울시의 중심으로부터 반경 60킬로미터 정도 떨어진 곳에서 서울시 중심부까지 도달하는 시간이 30분이 채 걸리지 않도록 하고자 하는 목표를 세웠다. 일부 구간은 작업을 진행하고 있다.

터널기술이 기여할 수 있는 분야는 무궁무진

지구온난화의 영향으로 집중호우가 많아지며 서울 등 대도시를 중심으로 침수 피해가 늘어나고 있다. 서울시는 침수 방지를 위해 강서구와 양천구 일대의 지하에 홍수 조절용 저수지터널을 계획하였고 이는 2019년경에 완공된다.

말레이시아의 수도 쿠알라룸푸르에서는 빗물과 교통량을 같이 처리할 수 있는 다목적 스마트 터널Stormwater Management and Road Tunnel, SMART이 2007년에 완공되었다. 이 스마트 터널은 직경이 13.2미터이고 길이가 9.7킬로미터이다. 터널의 3킬로미터 구간을 도로로 사용하다가 홍수 시에 도로를 단계적으로 폐쇄하며 수로터널로 전환한다. 이 다목적 터널은 막대한 홍수 피해를 막아내고 있다.

싱가포르는 땅속에 1억 톤 규모의 빗물 저수지를 만드는 방안과 여기에 저장한 물을 활용하는 방안에 대한 타당성을 검토하기 시작했다. 런던에서는 2016년부터 조류의 영향을 받는 템스강 구간에 강줄기를 따라 강바닥 밑에 길이가 25킬로미터인 터널을 뚫기 시작했다. 이 터널은 런던의 하수와 현재 템스강으로 버려지고 있는 빗물을 받아 빼내는 배수용 터널이다.

북유럽의 노르웨이, 스웨덴과 핀란드에서는 땅속에 만든 수영장, 하수처리장, 주차장 등을 쉽게 볼 수 있다. 핀란드는 원자력발전소에서 사용을 마친 고준위 방사성 폐기물(사용 후 핵연료)을 지하에 뚫은 터널 속에 매립하는 저장시설을 만들고 있다. 핀란드는 1983년부터 연구를 시

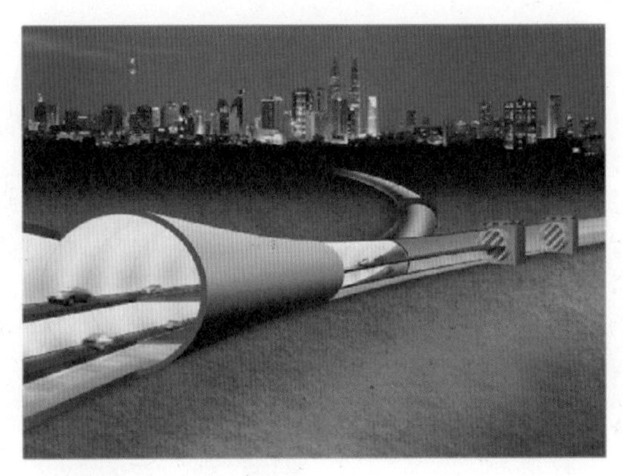

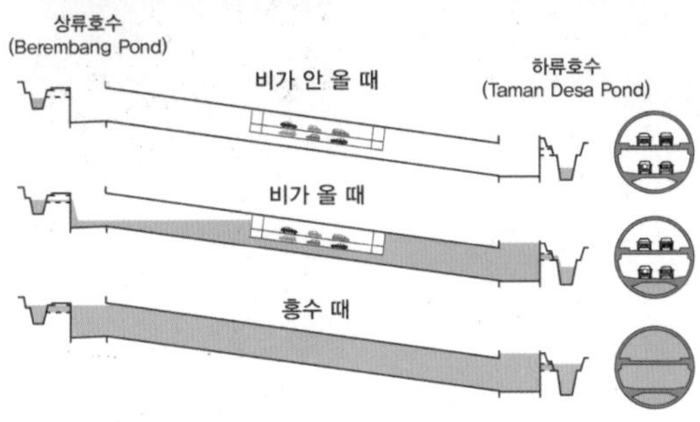

그림80 말레이시아 스마트터널의 역할[08]

작해 2000년에 올킬루오토Olkiluoto를 적합한 장소로 선정했다.[09]

이 부지의 지하 420~437미터에 위치한 실험시설 '온칼로ONKALO'를 통해 2004년부터 2014년까지 땅속을 이루고 있는 암반bedrock에 대해서 연구하고 각종 현장시험을 거친 후 2015년부터 사용 후 핵연료 저장용 터널을 본격적으로 뚫기 시작했다. 저장용 터널들은 깊이 400~450미터 사이에 수평 방향으로 약 2제곱킬로미터에 달하는 면적에 넓게 펼쳐져 있어 그림81에서 보다시피 마치 길이가 수백 미터에 이

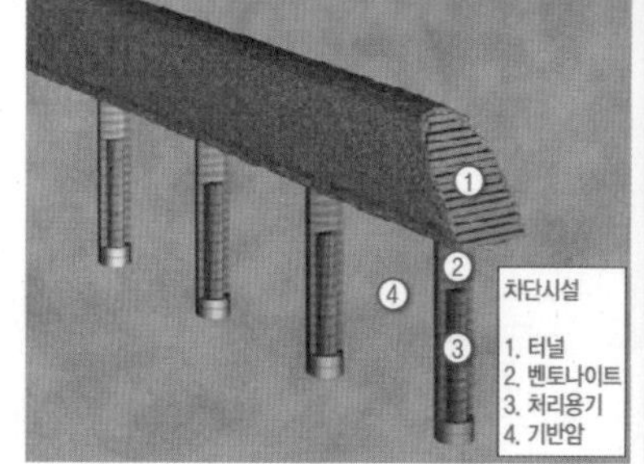

그림81 핀란드의 올킬루오토 고준위 핵폐기물 저장소[10][11]

르는 터널들이 땅속에 즐비하게 도열하여 망을 이루고 있는 것같이 보인다.

저장터널의 길이를 모두 합하면 43킬로미터이며 운반용 터널 등 부속터널까지 모두 합하면 무려 60~70킬로미터에 이른다.[12] 향후 저장시설의 진입시설로 편입될 온칼로의 길이만 9킬로미터이다. 사용 후 핵연료 영구처분장은 2020년대 초반부터 저장을 시작하여 그 후 약 100년 동안 운영할 계획이다. 이로써 핀란드는 세계 시장에서 사용 후 핵연료 처분 분야의 선구자가 되었다.

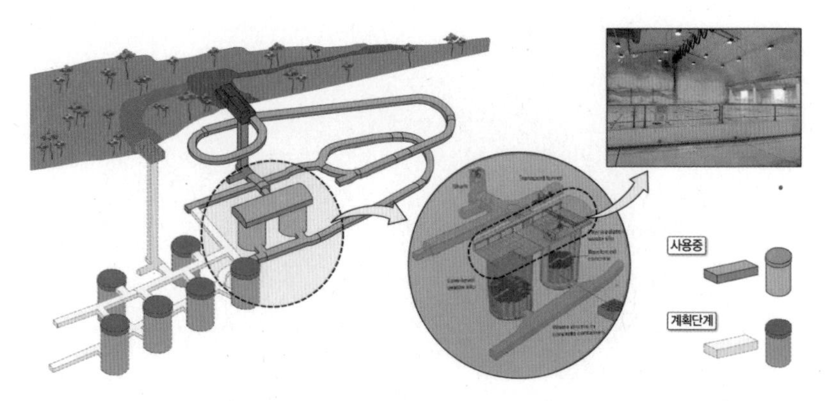

그림82 핀란드의 올킬루오토 중·저준위 핵폐기물 저장소

중·저준위 방사성 폐기물은 1992년부터 저장을 시작했다. 원자력 발전소가 있는 올킬루오토섬과 헤스트홀멘Hästholmen섬에 각각 한 곳씩 2개소를 만들었는데 올킬루오토의 저장소는 1992년에, 로비사Loviisa 원자력발전소가 있는 헤스트홀멘섬의 저장소는 1단계(1999년), 2단계(2007년)의 시공 단계를 거쳐 2011년에 최종 완성하였다. 올킬루오토 저장소는 현재 동굴형 저장소 2개가 60~100미터 깊이의 단단한 암반 속에 있으며 앞으로 6개를 추가로 만들어 원자력발전소를 해체하였을 때 나오는 폐기물을 저장할 계획이다. 로비사 저장소는 터널과 지하광장으로 이루어진 저장소이며 110미터 깊이의 땅속에 위치하고 있다.

스웨덴은 2009년에 고준위 방사성 폐기물을 저장할 장소로 포르스마르크Forsmark를 지정했다. 2020년부터 10년 동안 핵연료 영구처분시설을 완성하여 2030년부터 저장에 들어갈 예정이다. 스웨덴의 최종 처분 방식은 노르웨이의 방식과 동일하지만 처분 깊이가 약 2배 정도 깊

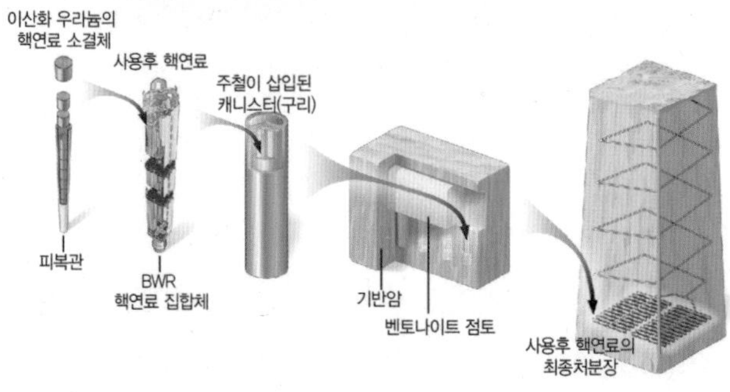

그림83 스웨덴의 고준위 핵폐기물 저장소[13]

은 800미터이며 입구에서 그 깊이까지 도달하는 형식이 약간 다르다.

스웨덴은 1988년부터 중·저준위 방사성 폐기물 처분 시설을 운영해오고 있으며[14] 이런 시설을 만든 최초의 나라이다. 이 시설은 발트해 바닥 밑 50미터에 위치한 단단한 암반에 만든 시설로서 길이가 160미터인 저장터널 4개소와 깊이가 50미터인 저장동굴 1개소로 이루어져 있으며, 총 6만 3,000세제곱미터의 폐기물을 저장할 수 있다. 원자력발전소를 해체할 때 발생하는 폐기물까지도 이곳에 저장할 예정이기 때문에 길이가 240~275미터 되는 저장터널 6개를 추가로 만들어 총 18만

그림84 스웨덴의 중·저준위 핵폐기물 저장소[15]

~20만 세제곱미터의 폐기물을 저장할 수 있는 시설로 확장할 예정이다. 중·저준위 처분 시설은 사람이나 환경으로부터 최소 500년 동안 안전하게 격리될 것이다.

핀란드와 스웨덴 두 나라는 땅속 깊은 곳의 매우 안정된 암반에 핵폐기물을 다음과 같이 영구히 묻어두는 방법을 택했다. 원자로에서 꺼낸 후 일정 기간 물탱크에서 식힌 핵연료 다발을 주철로 된 커다란 원통형 기둥에 넣는다. 주철 기둥은 핵연료 다발을 4개에서 많게는 12개까지 넣을 수 있도록 구멍이 뚫려 있다(그림81 참조). 핵연료 다발이 주철 기둥에

다 채워지면 이 주철 기둥은 5센티미터 정도 두께의 구리로 감싸 밀봉한다. 구리를 사용한 이유는 부식corrosion에 강하기 때문이다. 이렇게 주철과 구리로 두 겹으로 감싼 핵연료 다발을 땅속 저장용 터널로 옮겨 일정한 간격으로 터널 바닥에 뚫어놓은 홀에 넣고 주위를 약 25센티미터 두께의 벤토나이트로 둘러싼다. 이로써 사용 후 핵연료는 견고한 암반을 포함하여 총 4겹의 차단벽에 싸여 장기간 묻힌다. 이리하여 원자력발전소는 터널기술 덕분에 안전하고 친환경적인 시설이 되었다.

현재까지 고준위 핵폐기물을 땅속에 묻어서 처리하기로 결정한 나

그림85 플로팅터널 개념도[16]

라는 세계에서 이들 두 나라뿐이다. 높은 열과 높은 수준의 방사선을 가지고 있어 위해한 사용 후 핵연료를 완전히 무해한 것으로 바꿀 수 있는 기술이 아직 개발되지 않았기 때문에 원자력발전소를 운영하고 있는 우리나라를 포함한 다른 여러 나라들도 이 폐기물을 안전하게 처리하는 방법을 모색하고 있다.

터널이 가지고 있는 잠재력은 이것이 전부가 아니다. 영국, 노르웨이, 미국, 캐나다, 스위스 등에서 제안한 플로팅터널floating tunnel도 있다. 이 터널은 부력을 이용하여 수중 케이블로 터널을 고정하는 형식이며, 해수의 심도가 깊은 바다 협곡이나 호수 등에서 양쪽 땅을 물속에서 잇는 일환으로 연구하고 있다.

프랑스의 라데팡스, 몬트리올의 언더그라운드시티는 이미 아름다운 땅속 도시이다. 일본의 앨리스시티, 러시아 시베리아의 에코시티2020 등도 땅속에 새로운 세계를 만들겠다는 계획들이다. 2010년에는 멕시코시 광장에 마천루skyscraper를 땅속으로 300미터 깊이까지 거꾸로 짓는 형태의 어스스크레이퍼earthscraper를 제안한 사례도 있다.[17] 이런 땅속의 도

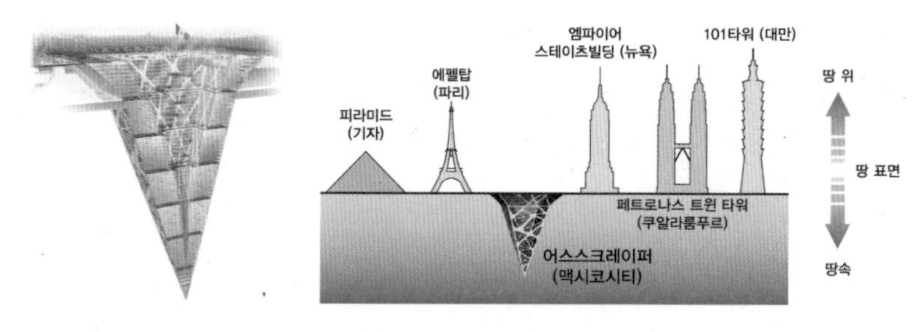

그림86 어스스크레이퍼의 모습

시들은 터널기술이 없이는 결코 탄생할 수 없고 유지할 수도 없다.

서울시에서도 지하철 삼성역과 봉은사역 사이의 영동대로 구간 지하에 폭 70미터, 깊이 51미터, 길이 630미터의 지하도시를 계획하고 있고, 한남대교-양재역 구간에도 지하도시를 계획하고 있을 뿐 아니라, 동부간선도로, 서부간선도로, 올림픽대로 등의 일정 구간을 땅속으로 이전시킬 계획도 가지고 있다.

결코 사라지지 않을 터널기술

땅 위의 세계는 땅속의 세계와 끊임없이 소통하며 발전해왔다. 땅 위의 세계가 해결하기 어려운 문제들을 땅속 세계가 받아들이고 해결해 줄 수 있다. 땅속 세계의 역할을 끌어내는 터널기술이 없었다면 오늘날의 땅 위 세계의 모습은 기대할 수 없었을 것이다. 이와 같이 땅속 세계는 무한한 잠재력을 보유하고 있기 때문에 앞으로도 이 지구의 땅속 세계를 향한 접근은 더욱 활발해질 것이다.

동물이나 인간의 힘에 의존했던 터널기술은 기계와 IT기술에 의존하는 방향으로 발전하였다. 땅속 세계를 조사하여 그 특성을 알아내는 기술도 크게 발전하였고 터널을 파냈을 때 일어날 수 있는 문제들을 사전에 판단할 수 있는 컴퓨터 프로그램의 성능도 매우 좋아졌다. 그뿐만 아니라 땅을 파는 장비도 다양하게 개발하였기 때문에 땅속 세계를 탐험하고 개발하고자 할 때 예상하지 못했던 상황이 발생하더라도 잘 대응하고 극복할 수 있다.

가까운 미래에는 톱과 같은 도구로 원하는 만큼 땅속을 도려내거나 특수한 에너지를 쏴 땅을 녹여서 순식간에 감쪽같이 터널을 뚫게 될지도 모른다. 또한 자율주행자동차 개발이 한창인 것처럼 새 인지형 암반굴착기AI TBM가 탄생할 수 있을지도 모른다. 사람처럼 생각하고 행동하는 인공지능은 사람이 적응하기 어려운 환경에서도 어려운 일들을 해낼 것이다.

진공 상태에 가까운 튜브 모양의 운송관(터널) 속을 항공기보다 빠른 속도인 시속 1,200킬로미터로 달리는 미래형 운송수단으로 하이퍼루프 트랜스포테이션 테크놀로지Hyperloop Transportation Technology, HTT도 연구 중이다. 서울과 부산 사이를 15분대에 이동할 수 있을지도 모른다. 실제 운용하는 단계에 이르면 땅속을 뚫고 가는 길을 외면할 수 없을 것이다.

인류가 많은 경비를 쓰면서 우주를 향한 탐험의 길을 멈추지 않는 것처럼 땅속을 탐험하고 개발하고 이용하고자 하는 의지와 노력도 멈추지 않을 것이다.

그림87 HTT의 상상도[18][19]

생활공간으로 다시 태어난 터널

호랑이는 죽어서 가죽을 남기고 터널은 그 임무가 끝났을 때 생활공간으로 다시 태어난다. 경부선의 성현 터널은 현재는 청도 와인터널이 되었다. 경전선 광양역에서 광양제철소 초남역 방향으로 철길을 따라 가다보면 있는 석정1 터널도 복합예술문화공간인 광양와인동굴로 다시 태어났다. 금과 은의 생산으로 한동안 명성을 얻었던 시흥광산(1903년 설립)이 관광명소로 탈바꿈한 광명동굴에 들어서면 감회가 새롭다. 마치 앞서간 선배 기술자들의 숨소리가 들리는 듯하기 때문이다. 그들이 흘렸던 땀방울로 빚어낸 이곳이 정과 망치 소리를 머금은 채 이제는 새로운 동굴 테마파크가 되어 사람들에게 특별한 기쁨을 주고 있다.

그림88 생활공간으로 다시 태어난 광명동굴(좌)과 광양와인동굴(우)

마치며

땅속 세계는 우주처럼 미지의 세계이지만 그보다 더 애착을 가지고 탐험해볼 만하다. 인류가 당면한 문제들을 해결해줄 수 있는 무한한 잠재력을 가지고 있는 보물창고와 같은 것이기 때문이다. 동시에 아끼며 활용해야 할 매우 소중한 인류의 자원이기도 하다. 이 보물창고를 우리의 삶 속으로 끌어내주는 터널기술은 매우 가치 있는 기술로서 땅위 세계와 땅속 세계를 이어주며 인류와 항상 함께할 것이다. 비록 올림픽 금메달을 목에 건 선수처럼 환호와 박수를 받지는 못한다 할지라도 터널기술은 인류를 위해 묵묵히, 그리고 변함없이 헌신할 것이다.

인류사회가 흥망성쇠하며 변천해온 과정, 또는 어떤 사물이나 사실이 걸어온 발자취, 혹은 이에 대한 기록을 역사라고 한다. 역사는 추측이나 허구를 부정하고 객관적 사실을 다루기 때문에 다분히 건조하고 딱딱하여 대중적 인기를 얻기 어려울 수도 있다. 더욱이 그것이 관심 밖의 분야라면 더 이야기할 나위가 없다. 하지만 역사가 가지고 있는 고유의 가치는 대중의 관심에 비례하는 것이 아니다.

이 책은 전공자보다는 비전공 독자를 대상으로 터널기술의 가치를 알리는 데 집중하려고 했다. 즉, 터널기술이 인류에게 얼마나 크고 긍정적인 영향을 주었는지, 현재 얼마나 중요한 역할을 하고 있는지, 그리고 미래에 어떤 것들을 제공할 수 있는지를 짚어보았다. 조금이나마 독자들의 흥미를 돋우는 데 도움이 될까 하여 학문적 원리도 곁들였다.

책을 통해 하고자 했던 말을 한 문장으로 요약하자면 다음과 같다. "터널기술은 땅 위 세계와 땅속 세계를 이어 서로 소통하게 함으로써 인류에게 안녕과 번영을 안겨주는, 없어서는 안 될 소중한 가치를 지닌 기술임을 역사가 입증하고 있다."

익숙하지 않은 이름과 지명, 기술용어 등을 다수 포함하고 있지만, 독자들로 하여금 터널기술의 가치를 새롭게 돌아보고 미래를 내다보는 창의 유리를 닦는 데 조금이나마 도움을 줄 수 있기를 바라는 마음이다.

역사는 마치 헤아릴 수 없을 만큼 많은 작가들이 써놓은 단편들이 얽히고설켜 이어진 두루마리의 작품과 같다고 할 수 있다. 그리고 우리는 지금 끝단을 이어서 쓰는 중일 것이다. 이 작품이 언제 완성될지는 아무도 알 수 없다. 그러나 분명한 것은, 모든 이들이 그것을 읽어내지는 못하더라도 이 작품의 바탕에는 '사회기반시설에 대한 헌사'가 깔려 있으리라는 점이다.

주

1장

01) http://www.nasa.gov/hubble; Christopher Conselice

02) Chris Peat, "ISS-Orbit", 2017; "Current ISS Tracking Data", NASA, 2008

03) Stephen Marshak & Robert Rauber, 『Earth Science』, 2017, W. W. Norton & Company

04) "The World at Six Billion", UN, 1999

05) "World Population Prospects", UN, 2015; "UN Population Division", UN, 2015

06) 「Global Business Frontier(IFEZ)」, 인천경제자유구역청, 2017

07) 〈인구총조사〉, 통계청

2장

01) Marie Halun Bloch, 『Tunnels』, Coward-McCann, 1954

02) 한국지반공학회, 『터널(지반공학시리즈7)』, 구미서관, 1998

03) Stephen Marshak & Robert Rauber, *supra.*

04) Marie Halun Bloch, *supra.*

05) Bernhard Maidl, Markus Thewes & Ulrich Maidl, 『Handbook of Tunnel Engineering Volumes Ⅰ』, Ernst & Sohn, 2013

06) 한국지반공학회, 『터널(지반공학시리즈7)』, 구미서관, 1998

07) http://en.wikipedia.org/wiki/qanat; http://whc.unesco.org/en/list/1506

08) https://www.reddit.com/r/papertowns/comments/6llmbv/the_three_millennia_old_tunnels_under_ancient; http://en.wikipedia.org/wiki/siloam_tunnel

09) 헤로도토스 저, 박현태 역, 『헤로도토스 역사』, 동서문화사, 2016

10) Patrick Beaver, 『A History of Tunnels』, Citadel Press, 1973

11) 한국지반공학회, 『터널(지반공학시리즈7)』, 구미서관, 1998

12) Patrick Beaver, *supra.*

13) http://canalrivertrustwaterfront.org.uk/history/legging-it

14) Andrew Kelly & Melanie Kelly, eds., 『Brunel: 'In Love with the Impossible'』, Bristol Cultural Development Partnership, 2006

15) Patrick Beaver, *supra.*

16) Andrew Kelly & Melanie Kelly, eds., *supra.*

17) Kirby M. W., 『The Origins of Railway Enterprise: The Stockton and Darlington Railway 1821-1863』, Cambridge University Press, 1993

18) Connelly A. & Hebbert M., 「Liverpool's Lost Railway Heritage」, Manchester Architecture Research Centre (University of Manchester), 2011

19) Gosta Sandstrom, 『Tunnels』, Holt, Rinehart and Winston, 1963

20) Marie Halun Bloch, *supra.*

21) Kalman Kovári, 『Historical Tunnels in the Swiss Alps』, CRC Press, 2000

22) *Ibid.*

23) *Ibid.*

24) *Ibid.*

25) *Ibid.*

26) Michitsugu Ikuma, 「Maintenance of the undersea section of the Seikan Tunnel」, 《Tunnelling and Underground Space Technology Vol. 20, Issue 2》, 2005, p.143~149

27) Colin Kirkland, 『Engineering the Channel Tunnel』, CRC Press, 1995

28) https://en.wikipedia.org/wiki/Channel_Tunnel

29) "History, Archived from the origin", Eurotunnel, 1984; http://en.wikipedia.org/wiki/Eurotunnel

30) Roland Stengele, 「Gotthard-Basetunnel : Surveying the longest and deepest railway-tunnel worldwide」, Geospatial World Forum, 2014

31) https://www.engineering.com/Blogs/tabid/3207/ArticleID/60/Laerdal-Tunnel.aspx

32) https://www.visitflam.com/en/se-og-gjore1/se/verdens-lengste-tunnel

33) "Planning and Construction-Urban Long Tunnels: Yamate Tunnel", Shutoko

3장

01) https://www.marti-tunnel.ch/en

02) West Graham, 『Innovation and the Rise of the Tunnelling Industry』, Cambridge University Press, 1988

03) *Ibid.*

04) *Ibid.*

05) http://www.substech.com/dokuwiki/doku.php?id=electric_arc_furnace_eaf

06) https://en.wikipedia.org/wiki/Electric_arc_furnace

07) West Graham, *supra.*

08) "The History of Concrete", Dept. of Materials Science and Engineering, University of Illinois Urbana-Champaign, 2012

09) Peter C. Hewlett, 『Lea's Chemistry of Cement and Concrete (4th edition)』, Butterworth-Heinemann, 2001

10) "Carl Akeley—A Tribute to the Founder of Shotcrete", Pietro Teichert, 2002 (https://www.shotcrete.org/media/Archive/2002Sum_Teichert.pdf); https://en.wikipedia.org/wiki/Shotcrete

11) Croome, D. & Jackson, A., 『Rails Through The Clay: A History Of London's Tube Railways』, Capital Transport Publishing, 1993, p.12~13; https:://en.wikipedia.org/wiki/Tower_Subway

12) West Graham, *supra.*

13) *Ibid.*

14) 한국터널지하공간학회, 『인류와 지하공간: 터널과 지하공간의 역사』, 한국터널지하공간학회, 2012

15) West Graham, *supra.*

4장

1) 한국터널공학회, 『한국의 터널과 지하공간』, 씨아이알, 2009

2) 「한국토목사」, 《대한토목학회지 제50권》, 2002

3) 『한국철도사진 108년사』, 한국철도건설공학협회, 2007

4) 『한국철도건설백년사』, 한국철도시설공단, 2005

5) 『한국철도사 제2권』, 한국철도청, 1977

6) 철도산업정보센터 (http://www.kric.go.kr) ; 『한국철도사진 108년사』, 한국철도건설공학협회, 2007

7) 「도로 교량 및 터널현황 조서」, 국토교통부, 2017

8) 「한국토목사」, 《대한토목학회지 제50권》, 2002

9) 『한국철도 100년사』, 철도청, 1999, p.786

10) 『한국철도건설백년사』, 한국철도시설공단, 2005

11) 『한국철도 100년사』, 철도청, 1999

12) 철도산업정보센터 (http://www.kric.go.kr)

13) 「The Principles of Norwegian Tunnelling」, 《Norwegian Tunnelling Society Publication No.26》, 2017, p.50

14) 「서울지하철 3, 4호선 NATM 기술성과 보고서 (A팀, B팀)」, 서울특별시지하철공사, 1983

15) Benz, G., 「Beschleuniger für Spritzbeton im Tunnel-und Stollenbau」, 《Schweizerische Bauzeitung》, 1972, Bauzeitung Vol. 90, pp. 1089~1092

16) 「The Principles of Norwegian Tunnelling」, 《Norwegian Tunnelling Society Publication No.26》, 2017, p.181

17) Kim S. R., "Use of Underground Space in Seoul and its Foreseeable Future", WTC2012 Keynote Lecture, 2012, pp.14~34

18) 「한강 하저터널 구조물 설계 및 시공」, 서울특별시 지하철건설본부, 1997, p.22

19) 「서울 제2기 지하철건설공사 화보」, 서울특별시 지하철건설본부, p.13

20) Lee I. K., "Lesson Learned In Seoul Subway Development", TU-SEOUL2013, 2013

21) 『서울지하철건설삼십년사』, 서울특별시, 2003

22) 『서울지하철 3 · 4호선 건설지』, 서울특별시 지하철공사, 1987

23) 『인류와 지하공간-터널과 지하공간의 역사』, 한국터널지하공간학회, 2012

24) http://news.chosun.com/site/data/html_dir/2017/04/07/2017040703213.html?related_all

25) 한국터널지하공간학회 (2012), 인류와 지하공간-터널과 지하공간의 역사

26) West Graham, supra

27) 『한국철도사진 108년사』, 한국철도건설공학협회, 2007

5장

01) McPheron M. J., 『Subsurface Ventilation and Environmental Engineering』, Springer Science & Business Media, 1993

02) "포항 지진피해 복구비 1,445억원 확정", 중앙재난안전대책본부, 2017. 12. 6

03) "11월 15일 포항지진의 정밀분석 결과", 기상청, 2017. 11. 23

04) 「兵庫県南部地震を後世に伝承するための研究委員会報告書」, 일본지반공학회 간서지부, 2012

05) Hymon Steve (2017), Designing A Subway to Withstand an Earthquake, The Source, 11p, 2017

06) 「Seismic Damage Analysis of Tunnel Front Slope and Shaking Table Tests on Highway Tunnel Portal」, 《The Electronic Journal of Engineering Vol. 20》, 2015

07) 「熊本地震, Tawarayama Tunnel Entrance Concrete Lining Damage (熊本市 方向)」, 日経コンストラクション, 2016

6장

01) "Tunnels and Underground Space in KOREA", 한국터널지하공간학회, 2017

02) "World Urbanization Prospects: The 2014 Revision, Department of Economic and Social Affairs/Population Division", UN, 2014

03) 한국원자력환경공단, 2015. 10

04) 〈한국원자력환경공단 소개자료〉, pp.13~14

05) http://www.molit.go.kr/USR/WPGE0201/m_35919/DTL.jsp

06) 〈인구총조사〉, 통계청 (2017년 8월 31일 기준)

07) "수도권 광역급행철도 A노선 추진 본격화", 국토교통부, 2017. 12. 19

08) Darby A., 「A Dual-purpose Tunnel: The Creation of Kuala Lumpur's Stormwater Management and Road Tunnel」, 《INGENIA 30》, 2007, pp.24~30

09) Timo Äikäs, "Disposal of Spent Nuclear Fuel-from Plans to Reality", WTC2011 Helsinki, 2011

10) Mustonen S. et al., "Block Sawing Experiment Related to Excavation Disturbed Zone Studies in ONKALO Underground Research Laboratory", WTC2017 Bergen, 2017

11) http://www.posiva.fi/en/final_disposal/final_disposal_facility

12) 〈Pocket Guides to Final Disposal〉, Posiva

13) Westerberg K., "Deep Geological Disposal of Spent Nuclear Fuel in the Swedish Crystalline Bedrock", SKB International AB Stockholm, 2010

14) http://www.skb.com

15) Westerberg K., *supra.*

16) https://www.weforum.org/agenda/2016/07/norway-could-build-the-worlds-first-floating-tunnel

17) "Could 'Earthscraper' really turn architecture on its head?", CNN Business, 2010

18) http://techneedle.com/archives/20186

19) http://biz.chosun.com/site/data/html_dir/2016/03/21/2016032101952.html

터널, 새로운 공간과 길을 만드는 기술

초판 1쇄 찍은날 2018년 11월 26일
초판 1쇄 펴낸날 2018년 12월 5일
지은이 김승렬
펴낸이 한성봉
편집 안상준·하명성·이동현·조유나·박민지·최창문
디자인 전혜진·김현중
마케팅 이한주·박신용·강은혜
기획홍보 박연준
경영지원 국지연
펴낸곳 도서출판 동아시아
등록 1998년 3월 5일 제1998-000243호
주소 서울시 중구 소파로 131 [남산동 3가 34-5]
페이스북 www.facebook.com/dongasiabooks
인스타그램 www.instagram.com/dongasiabook
전자우편 dongasiabook@naver.com
블로그 blog.naver.com/dongasiabook
전화 02) 757-9724, 5
팩스 02) 757-9726

ISBN 978-89-6262-255-3 03530

이 도서의 국립중앙도서관 출판예정도서목록(CIP)은
서지정보유통지원시스템 홈페이지(http://seoji.nl.go.kr)와
국가자료공동목록시스템(http://www.nl.go.kr/kolisnet)에서
이용하실 수 있습니다.(CIP제어번호: CIP2018038182)

※ 잘못된 책은 구입하신 서점에서 바꿔드립니다.

만든 사람들

편집 한민세·하명성
크로스교열 안상준
디자인 김경주